ギリシャワイン

ギリシャワイン
ΕΛΛΗΝΙΚΟΣ ΟΙΝΟΣ
エリニコス・イノス

フォティオス・ジョリス
FOTIOS TZIOLIS

ギリシャワインの全て

飛鳥出版株式会社

Contents

第1章　古代ギリシャワイン

- プロローグ　　　　　　　　　　　　　　　　　　　10
- ギリシャ・ワインの歴史　　　　　　　　　　　　　12
- ワイン文明の発祥　　　　　　　　　　　　　　　　14
- ワイン貯蔵の発祥　　　　　　　　　　　　　　　　15
- ぶどうの木とワインの神　　　　　　　　　　　　　16
- シンポジウムの発祥　　　　　　　　　　　　　　　18
- 古代ワインの飲み方　　　　　　　　　　　　　　　20
- ワインの器の多様な変化　　　　　　　　　　　　　22
- ワイン貯蔵の発祥　　　　　　　　　　　　　　　　24
- ワイン法、アペラシオンの刻印　　　　　　　　　　25
- ワインのタイプと部類（カテゴリー）の導入　　　　26
- 古代のぶどう品種、ブランド名　　　　　　　　　　28
- 古代ワイン用語集　　　　　　　　　　　　　　　　29
- ヘレニズム時代、アレキサンダー大王　　　　　　　30

第2章　現代ギリシャワイン

- ギリシャ、過去100年間　　　　　　　　　　　　　35
- 地理－地形－気候　　　　　　　　　　　　　　　　38
- ギリシャのワインの特徴　　　　　　　　　　　　　39
- カプニアスワインからカベルネ・ソーヴィニヨンへ　40

第3章　ギリシャのぶどう品種

- ぶどうの一生　　　　　　　　　　　　　　　　　　44
- ギリシャのワインとぶどうの歴史　　　　　　　　　45
- フィロキセラとギリシャ　　　　　　　　　　　　　46
- ぶどう品種索引　　　　　　　　　　　　　　　　　47
- ギリシャの白品種　　　　　　　　　　　　　　　　48
- ギリシャの白品種(ローズ色/Blanc de Gris)　　　　52
- ギリシャの赤品種　　　　　　　　　　　　　　　　53

第4章　ギリシャワイン法

- ギリシャワインのラベル　　　　　　　　　　　　　60
- 現代ギリシャワインのカテゴリー　　　　　　　　　61
- ギリシャのオパプ(O.P.A.P.)　　　　　　　　　　　64
- ギリシャのオペ(O.P.E.)　　　　　　　　　　　　　65
- ギリシャのヴァン・ド・ペイ(トピコス・イノス)　　68
- ギリシャのテーブルワイン(エピトラペジオス・イノス)72

第5章　ギリシャワインのデータ

- ギリシャの生産数値　　　　　　　　　　　　　　　75
- ギリシャのぶどう畑のデータ　　　　　　　　　　　76
- ぶどう栽培　　　　　　　　　　　　　　　　　　　77
- ギリシャワインの生産　　　　　　　　　　　　　　78
- 各家庭のワインの生産　　　　　　　　　　　　　　79
- オーガニック農業　　　　　　　　　　　　　　　　80
- ギリシャ・ワインの輸出のデータ　　　　　　　　　81

ワインの神ディオニソス
トラキア、マロニア
銀トリドラフマ
386/5-348/7 BC. 16.22gr. 26mm

Contents

第6章　ギリシャワイン生産地域
- ペロポネソス半島　　84
- 中央ギリシャ　　86
- テッサリア　　88
- イピロス　　89
- マケドニア ＆ トラキア　　90
- クレタ島　　92
- ドデカネーゼ諸島　　93
- キクラデス諸島　　94
- 東エーゲ海諸島　　95
- イオニア諸島　　96

第7章　ワイナリー紹介
- ワイナリー索引　　100

第8章　ギリシャのスピリッツ
- ギリシャのスピリッツ
  - ツィプロ、ツィクディア、ウゾ　　161
  - ぶどう蒸留酒（アポスタグマ）　　162
  - ブランデー　　163
- メタクサ社　　164
- パルパルシス社　　166
- ツァンタリス社　　168

第9章　付録
- ワイナリー索引（英語）　　172
- ワイナリー索引（日本語）　　173
- ワイナリー「通称名 ＆ 正式社名」　　174
- ワイン索引（50音順）日本語　　178
- ワイナリー＆ワイン索引（A-Z）英語　　181
- 現在日本に輸入されているギリシャワイン　　185
- 専門用語集　　186
- ギリシャワイン会　　187
- 後書き　　190

ワインの神ディオニソス
タソス島、銀テトラドラフマ
2nd BC. 16.7gr. 28mm

ジョリス氏との出会い

　何年か前、国際会議でギリシャを訪れたことがあります。目的地サントリーニ島への便は4～5時間アテネ空港で待たねばなりませんでした。著者のFotios Tziolisフォティオス・ジョリス氏との出会いは、ここから始まりました。ジョリス氏は日本と日本様式に魅せられて1988年に来日、以来在住すること既に14年という日本通のジェントルマンです。
　彼の厚遇により私は空港近くのヨットハーバーの畔にあるレストランでワインを傾けながら飛行機の出る時間も忘れて朝まで過ごす事が出来ました。今思うと、それは遥か昔にあの有名なシンポジアでソクラテスやプラトン、アリストテレス達などの偉大な哲学者がアクラトス・イノス［ワインの水割り］を飲みながら哲学論をかわしていた様子が思い浮かびます。私たちがその時飲んだワインはサモス島のホワイト・マスカット種から造られたSAMOSの甘口白ワインでした。長旅の疲れが取れると云うジョリス氏の勧めに従った訳です。それはものの見事に彼の云う通りでした。5日間のサントリーニ島の会議は素晴らしいものでした。医学の父と呼ばれるヒポクラテスも、健康な食事にワインは欠かせないと、その大切な役割を説いています。それもその筈です。ジョリス氏は幼少の頃からワイン造りの家庭に育ちブドウ狩りからブドウの足踏みと云うクラシックなワイン造りの父の手伝いをして成長した訳です。
　日本を識り、世界を識るジョリス氏。また古代ギリシャ人の気持ちを理解する彼が今回、飛鳥出版から「ギリシャワイン」の本を出版する事は非常に大きな意義があります。何故ならば、ギリシャはワインの生まれ故郷です。気候風土に恵まれ、またヨーロッパ文明発祥の地として、世界の歴史に計り知れない影響を与え続けてきた国、それがギリシャだからです。輝ける空と何処までも碧い紺碧の海、そしてワイン造りに恵まれた大地。そんな豊かな国で幼少の頃からワイン造りを体験し、ワインをこよなく愛する著者が綴った本書には、ギリシャのワインと同じように、そこには豊かなギリシャの人々の人間性、大地の魂、歴史、神話が含まれています、描かれています、バラエティに富んだギリシャのワインの全てが語られています。
　この本を読むことによって、ただ単にギリシャのワインを知るだけでなく、偉大なる国ギリシャの歴史や文化、芸術にいたるまで知ることが出来ます。私たちの心に感動を与えてくれる本です。遠くて近い国、日本のワインファンにこの素晴らしい本を恵んでくれた友人フォティオス・ジョリス氏に、心から"有難う"を言いたい。ギリシャのワインにも!!そして、あの時出会ったサモスのワインにも。エフカリストー（アリガトウ）そして、全ての読者の皆様と"ヤース、乾杯"

　　　　　　　　　　　　　　　　　　　　　社団法人日本ソムリエ協会会長　　熱田　貴

Greece

ギリシャワイン

1. & 2. VIN DE CRETE WHITE & RED

3. RETSINA

4. SAMOS VIN DOUX

5. SAMOS GRAND CRU

6. SAMOS NECTAR

7. NEMEA

8. NEMEA RESERVE

9. SANTORINI

10. VINSANTO

ADRIA
WE BRING ONLY THE BEST

輸入販売元：㈱アドリアインターナショナル
105-0004 東京都港区新橋 4-31-6
Tel. 03-5473-8071　Fax. 03-5473-8070
e-mail: adria@ma.kcom.ne.jp
ADRIA INTERNATIONAL CO., LTD.
4-31-6 Shinbashi, Minato-ku, Tokyo

ディオニソスから世界への贈物

ぶどうの起源がどこで、ワインが最初に造られたのがどこか定かではありませんが、ヴィティカルチャー、即ち、ヴィティス ヴィニフェラの伝来、そしてぶどうの商業的栽培の起源がギリシャであるのは周知の事実です。

ディオニソス（バッカス）が人類にもたらした贈物、ワインは古代ギリシャの文学と美術の栄養素となりました。ワインフェスティバルとシンポジア、このギリシャ文明の大切な要素となる両行事にまつわる様々な文献は、ワインが過去数千年に渡ってギリシャの生活様式に欠かせないものであった事を如実に物語っています。

世界的に著名な考古学者たちが、ギリシャ中の古代遺跡で発掘された驚くべき証拠を明白にしています。

古代アンフォラ、ワイン法とその印、又、ホメロス、アリストテレスなど、その他多くの詩人や哲学者たちの文献も今日、その動かぬ証拠となっています。それら全てがギリシャの博物館を初め、ミュンヘンのアンティケンサムルンゲン、ベルリンのペルガモン、大英博物館、ルーブル、オックスフォード ミュージアム、ニューヨーク メトロポリタン博物館など、世界中の博物館に展示されています。

今日、ギリシャワインは世界の桧舞台で再度脚光を浴びています。皆様を、その舞台にご招待いたします。

*All the magic of mother nature
captured in a bottle*

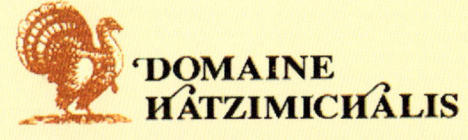

前書き

　幼少の思い出といえば、ブドウ狩りとブドウの足踏み、それから父のワイン造りの手伝い、家族全員が愛した毎年恒例の行事でした。学校で古代ギリシャの歴史を学ぶうち、自分が古代ギリシャ人と多くの共通点を持っていることが解りました。それは、外国の地と言葉に対する強い興味と、ディスカッションとワインの愛飲に専念したシムポジオの精神に賛同するという事などです。

　私は1977年、コンピュータの勉強のためドイツに渡りました。ベルリンで経済学の博士号を取得中に日本と日本様式に魅せられ、日本に行く事を決意しました。ヨーロピアン・ユニオン・エグゼクティブ・プログラム・イン・ジャパンに参加し、1988年5月に東京へ出発しました。

　日本中のエキジビションなどでギリシャワインを紹介して歩くうち、ワインの歴史とギリシャワインの質が今日、国際舞台で再び高く評価されている事実が、日本では殆ど知られていないという事に気付きました。

　飛鳥出版の鈴木利康氏が、日本ソムリエ協会会長の熱田貴氏を初め多くのディオニソス精神に傾倒された方々を紹介してくださり、日本にギリシャワインを輸入することを勧めてくださいました。

　最終的に、日本に対する思いと言語、コンピュータ、ワイン、シムポジオを自身のライフワークにする事が出来ました。ギリシャワインに関するパンフレットや案内書をデザイン、出版し、日本中のワイン・エキジビションに出展し、ギリシャワインに関する講義などを行いました。1998年、日本滞在10周年を記念し、初のギリシャワインに関するウェブサイトを立上げ、ギリシャワインに関する初めての日本語で書かれた著書、"エリニコス・イノス"を出版しました。

　ギリシャワインに関する関心が高まっている現状を踏まえ、飛鳥出版社長の鈴木利康氏よりギリシャワインのガイドブック執筆の依頼をいただきました。

　この本が世に出版されるまで、長年に渡り惜しみない協力をくださった、鈴木氏を初めとする、日本、ギリシャの多くの方々に心より感謝を申し上げます。

第1章
古代ギリシャワイン

- ◆ プロローグ
- ◆ ギリシャ・ワインの歴史
- ◆ ワイン文明の発祥
- ◆ ワイン貯蔵の発祥
- ◆ ぶどうの木とワインの神
- ◆ シンポジウムの発祥
- ◆ 古代ワインの飲み方
- ◆ ワインの器の多様な変化
- ◆ ワイン貯蔵の発祥
- ◆ ワイン法、アペラシオンの刻印
- ◆ ワインのタイプと部類の導入
- ◆ 古代のぶどう品種，ブランド名
- ◆ 古代ワイン用語集
- ◆ ヘレニズム時代、アレキサンダー大王

ギリシャ・ワインの歴史

　ギリシャとは、他のどんな土地にもないほどぶどうの実が祝福され、讃美された土地です。この国のワイン造りの歴史は遥か昔に遡ります。古代からぶどう栽培の形跡を残すものとして、ドラマ県の古代遺跡（新石器時代－紀元前４０００年代）から化石化したぶどうの種が発掘され、またフィリポスの住宅地区（紀元前２８００年）、アノ・ザクロの圧搾樽（ぶどうを搾る）、ミノア期（紀元前２０００－１７００年）に遡るクレタのワスィペトロでは、裕福な商人の別荘跡にワイン製造所の基礎が完全な形で発見されています。

　悠久のギリシャ史の中で探索を続けるなら、永いギリシャ・ワイン伝統の無数の証拠に出会うでしょう。ミノア期のクノッソス宮殿ができた頃が、贅沢にワインを使用する始まりであり、貯蔵の始まりと言えます。黄金の杯と壺などが発見されているアガメムノン王のミケーネ文明、作品の中に古代の有名なワインを挙げている偉大な詩人ホメロスの時代からアテネの古典期と黄金期まで、ソクラテスやプラトンの時代、そしてアテネ人のナフクラティティスは作品「ソフィストたちの宴」（紀元前２２８年）で古代におけるワイン研究の唯一の情報を与えています。

　古代ギリシャ人たちの間に人気のあった宴会とは、かの有名な「シンポジウム」で、そこでは精神的テーマについての討論と「水割りのワイン」を楽しむことが見事に結合されていました。

　神話の中で見事な深みをもって表現されたギリシャの豊かな想像力は、ぶどうの木とワインの神、歓喜の神ディオニソスの誕生や活動について数多くの神話を創作しました。豊かなギリシャ神話の人気のあった神々の中でもディオニソスの誕生に関する神話では、「テーベ神話」が最も重要で人気のあるものでした。この神話によるとディオニソスの母はカドモスの娘セメレで、父はゼウスでした。ディオニソスの誕生後、オリンポスの神々に信頼された使者のヘルメスは、ヘラの嫉妬から守るために生まれた子供をエヴィア島へ連れて行き、その後にニュサ山のニンフたちの所へ連れて行きました。そこでディオニソスは厳しい自然の中でセリノスに養育されたのです。成長したとき、彼はサティロスとメナーデスを伴って旅に出て、人々にぶどうの栽培とワイン造りを教えたのです。多くの都市、例えばエトリアのイノス王のように人々はディオニソスを暖かく迎え入れましたが、特にアテネでは、ディオニソス神は熱烈に歓迎され、ぶどう栽培は一気に各地へ広まりました。

　ヘロドトス以前の最も権威のある歴史家で、紀元前５４９年から４７９年まで活躍したとされるミリシオスのエカテオスは、デフラキオナスの息子のオレステアスがギリシャ西部のエトリアに一本の棒を刺すと、そこはたくさんの実をつけるぶどうの木が生える場所になった、と言及しています。この出来事があったので、オレステアスは自分の子供にフィティオス（フィトとは植物の意味）という名前を付けました。

　アリストファニス時代に活躍したフィロニディスは、紅海の海岸で初めてぶどうができたと主張したが、ヒオスのテオポンポス（紀元前３７８－３２３年）は最初にぶどうが生えた場所はペロポネソスのオリンピアだと考えています。

　当時のギリシャでワインに関することは、多種多様な神話と歴史の中で唯一疑いのない出来事です。つまり、まだ海の底深くにあるか、あるいは発見された軍船はアンフォラを積んでいて、非常に重要なワイン貿易が活発に行われていたのです。今日となっては、この海こそ当時のギリシャ・ワインが獲得した偉大な功績の寡黙で確かな証人なのです。当時のおもなワイン産地ゾーンは、エーゲ海の島々では、タソス島、ロドス島、ヒオス島、ミティリーニ島、パロス島など、そしてマロニアとアムロニオス・イノスで有名なマケドニアやトラキア地方、さらに黒海のシノピなどです。

　考古学の発掘物でワイン用アンフォラに用いた刻

ワイン発祥の地、ギリシャ

印にタソス・ワインと記されていますが、これは紀元前5世紀のものです。これはフランス・アカデミーが1840年に発掘したもので、現在タソス博物館に保存されています。これらは古代に多くの産地名ワインが原産地から輸出されていたのです。近代になってフランスが初めて原産地名をブランドとしたことが、ギリシャではすでに約25世紀前に行われていたのです。産地名ブランドで流通した古代の有名ワインはイズマリコスとかマロニオス、ヒオス島のアリウシオス、メンデオス、レジヴィオスなどでした。しかし、ワイン売買について書き記された最も古い法律はギリシャの博物館に保存されています。例えば、紀元前5世紀の法律で大理石に記されたものはタソス博物館に保存されていて、それはワインと酢の売買を詳細に定めています。

ギリシャの地に植えられたぶどうの種類は非常に多いものでした。紀元前70-19年に活躍したローマ人の詩人ヴィルギリオスは、ギリシャで栽培されているぶどうの種類を数えるのは難しく、砂粒を数えるほうがより簡単だと伝えています。とにかく、古代のぶどう品種の幾つかが現在に至るまで栽培されているのは印象的なことです。例えば、偉大なギリシャの哲学者アリストテレス（紀元前382-332年）が伝えるエーゲ海のリムノス島で栽培されていた「リムニオ」種は、レズボス島のメティムネオス・ワインの「リムニア」種として、その他にもトラキア地方のマロニアではこのワインの生産が完璧に再現されています。また、アッティカ地方の広範囲では「サヴァティアノ」種が継続して栽培されています。

この驚くべき文化遺産は、時代の流れに消されることなく、古代書物、芸術作品、古代発掘物や、多くの神話を通して現代の私たちへ活き活きと伝えられているのです。このように、ギリシャの豊穣な土地だけではなく、この地に住みついた人間の他に類を見ない想像と創作の精神が生まれた価値ある伝統をギリシャが誇りにするのは当然と言えます。

ミノア文明・ワイン文明の発祥

　クノッソスはクレタ島の古代都市で、島の北に位置し、海岸から５ｋｍ離れた現在のイラクリオンという都市の近くにある。紀元前2000年、クノッソスは銅器時代に高度に発展したエーゲ海文明の中心地であった。この都市はギリシャ神話によく登場したギリシャ神ゼウスが幼少期に育った有名なディクテアン洞窟や、ミノタウロスという名の怪獣が棲む迷宮があったミノス王の王宮が近くにあった。歴史以前のクレタ文化はミノア文明と言い、クノッソス歴代の王名、ミノスに由来する。クノッソスの都は紀元前3000年以前に建てられ、紀元前1000年にはドーリア人に支配された。

　近年は広大な古代発掘の都となっている。1900年に最初の発掘が、英国のアーサー　エヴァンズ卿によって行われた。エヴァンズ卿は壮大な建造物のなかでも最も素晴らしい王宮を発掘した。クノッソスの衰退は王宮が破壊された紀元前1400年直後から始まった。

クレタ島ミノア文明
クノッソス宮殿ミノス王朝
紀元前２８世紀 〜 紀元前１２世紀

サントリーニ島の火山大爆発で、
紀元前１２世紀に
クノッソス宮殿は壊滅した。

古代に最も栄え、洗練された宮殿のひとつ。他の食料栽培と共に、ワイン製造も高度に発達した。又、アルカネス、ダフネス、ペザ、ヴァシペトロ等の周辺地域との競争も相乗効果を博し、ワインの質は更に向上し、高い評価を受けた。
クノッソス宮殿は紀元前、約１２世紀にサントリーニ島の火山爆発で崩壊した。

宮殿貯蔵庫内の装飾された壺
高さは1.8ｍにも及ぶ

クレタ島、ヴァシペトロ
にある世界一古い 足踏み式ブドウ破砕器
紀元前１６世紀

ヘラクリオンより ９ｋｍ南に位置するクノッソス宮殿の西には山が連なり、宮殿の発掘を行った考古学者達は、敷地内にほとんど完璧な状態で残されたワイン貯蔵庫と、多数の粘土でできたワインの壺（アンフォラ）を発見した。

ミケーネ文明・1600-1100 B.C.

ペロポネソスのアルゴリス平地に位置する古代都市ミケーネは、銅器時代の後半に繁栄した。その遺跡は現在の都市、ミキーネに隣接する。ホメロスがイリアード及び、オデッセイでアケアン人と呼び、称えた古代ミケーネ人たちは紀元前2000年頃ギリシャに移住してきた、インド-ヨーロッパの一族ではなかったかと思われる。初期ギリシャ語の方言である彼等の言語は、ある文献によるとリネアーBと記録されている。紀元前1400年頃、ミケーネはエーゲ海文明の中心として頂点に達する。ホメロスの叙事詩によるとトロイア戦争の時代、ミケーネはアトレウス家出身のアガメムノン王が住み、ギリシャ全土を統治していたとしている。

紀元前1200年頃には国内の権力争いによりミケーネの権力は衰退し、約1世紀後には北方のギリシャ人、ドリアン人の侵略を成功させてしまう事になる。後、ミケーネの都に新住民たちがやって来たが、過去の栄誉が蘇ることは決してなかった。紀元前468年には、今度はアルゴス人により再び侵略と崩壊を経験し、二度と再建されることはなかった。

ミケーネの遺跡には巨大な壁があり、その壁を建てたとされる巨人の名に因んでキクロピアンと言った。それから有名なライオンの門、ミツバチの墓がドイツの考古学者、ハインリッヒ シュリーマンにより発掘された（1876－1878）。

地元ではアトレウスの宝とクリテムネストラの墓として知られている。

ミケーネ文明 紀元前２０世紀～ 紀元前１２世紀
トロイア戦争によって有名

金製のカップと共にミケーネで発見された純金のマスクは、この時期に造られたと言う事の証明を更に一歩前進させた。マスクはアガメムノン王のものと思われる。

金製ワインカップカンタロスタイプ

紀元前１５世紀、アガメムノン王が使用したと思われる金製の逸品。ペロポネソスのヴァプヒオ ミケーネより発掘された。

紀元前１５世紀
（アテネ、国立考古学 博物館）

ぶどうの木とワインの神、歓喜の神ディオニソス

　古代の歴史家、神話作者そして詩人たちは、葡萄の木とワインの神、歓喜の神ディオニソスについて数多くの神話と証言を私たちに残しました。最も古い証言は紀元前9世紀ホメロスの「イリアダ」で、全世界で最も偉大な詩人がディオニソスについて言及しています。数多くの神話の中でも特にポピュラーで豊富なギリシャ神話を簡単に伝えるのは「テーベ神話」です。

　この神話に基づくと、ゼウスはテーベ王カドモスの娘セメレの美貌に惚れて恋をしました。この恋愛関係からディオニソスが生まれました。しかし、ゼウスの妻ヘラがこの関係を知って激怒したのです。ヘラはセメレを騙して、ゼウスがヘラと結婚したとき愛のあかしをしたように、ゼウスにその本当の権力を見せてもらうようセメレを説得しました。ゼウスはどうすることもできず、雷光とともに馬車に乗ってセメレの宮殿に現れたので、宮殿は焼けて崩壊しました。ディオニソスがまだ6ヶ月の胎児だったころまで、ゼウスが彼を自分の足に隠していた。生まれた後は自然の恵みによって、育てられた。

　ディオニソスが誕生した後、オリンポスの神々に信用されていた使者ヘルメスは、幼子のディオニソスをヘラの嫉妬から守るために、まずエヴィア島へ連れて行き、その後にニュサ山のニンフたちの所へ連れて行きました。そこでディオニソスは厳しい自然の中でシレノスに

シレノス赤ん坊の
ディオニソスを
ヘルメスの 腕に抱かれた，
生まれたばかりの
ディオニソス
紀元前330年
イタリア
バチカン博物館

赤ん坊のディオニソスを、シレノスへ連れて
行くヘルメスと、その後に続くニンフ
この素晴らしい壺は、合成着色石版をエンゴーブ
（接木）に施したもので、画家アキレスの弟子、
画家フィアレの作品。師の伝統を継承して、自
身もまた、リキトス作りに専念した H:32.8cm。
エヴリピデス　バッカス　紀元前416～420年
グレゴリアノエトルスコ博物館　-　フィアレ作

彫刻家プラクシテリス
のヘルメス
ヘルメスの 腕に抱かれた，
生まれたばかりの ディオニソス

紀元前330年
ペロポネソス半島
プラクシテリス作
オリンピア博物館

養育されました。テーベ神話の基盤、基本的な考えは、葡萄の木、つまりその実の誕生と成熟の自然な発展に置かれているように考えられます。それは、長い冬の暗闇から目覚めた大地が天の影響を受け、豊かな生命の種を孕むのです。春には多くの水滴が芽を出し始めた葡萄の木をめぐり、そして

ディオニソス、あるいはバッカスとも呼ばれるワインの神が形成されるのです。その時、ゼウスはセメレに雷を遣わします。夏の灼熱と高温は大地を乾かします。もし葡萄の葉の保護がなければ、同じように新しい実も乾いて消滅したことでしょう。このようにして天は地の業を仕上げるのです。空の雲

ワインの神 ディオニソス（バッカス）

のさわやかな水滴が湿気をもたらして芽を出し成熟する葡萄の房を育てます。

テーベ神話では、ニンフたちが大地の湿りの象徴であったように、様々なシンボルは葡萄の実の増加と成熟を意味する自然現象の神話的表現以外の何ものでもありません。

ギリシャ人にとってディオニソスの影響はたいへん強いものでした。芸術、詩、宗教は強烈な影響を受けました。諷刺劇、喜劇、悲劇そして演劇そのものがディオニソスを崇拝するにぎやかな祭りから生まれたのです。音楽、踊り、彫刻、絵画などは、それ以前の芸術に見られた静寂さとは全く関係のない新たな息（精神）を得たのです。

しかし、最も重要なことですが、ディオニソスは広範で深く、そして源泉は悠久の時代に遡るギリシャ・ワイン伝統の一部でしかありません。今日のギリシャは豊かのギリシャの大地に生まれ、育まれたこの唯一無二の伝統を誇ることができるのです。

ワインの神 ディオニソス

ゼウス神の子は快適な生活と幸福をまきちらす平和を満喫し、立派な若者を養育する幸福を好んだ。そこで富者にも貧者にも満足と健康を与えるワインを与えた。そして彼が幸せに暮らすために日夜配慮しない者を嫌った。

(エウリピデス作　バッカス416-426)

ディオニソスという名は、ワインを与える者という意味である。　人々がこの神を、ディディニソスと冗談混じりで名付けたのは、人はワインを飲むと正気になると思っているが、実はそうではないからだ。　だから、彼らをイノス（inos）と呼ぶのが賢明かも知れない。

(プラート、クラティロス、　紀元前４０６年)

ワイン発祥の地、ギリシャ

シンポジウムの発祥

シンポジウム（ワインの饗宴）での成句：
大意：よく来られた！ワインを、健康を謳歌しよう！
そして、大いに飲もうではないか。

アテネ人たちにとってシンポジアは、社会生活のなかで大変貴重な一時であった；この場ではみんな、複雑な哲学的問題から政治、舞台、遊び、又何気ない日常の話題まで語り合った。

ゼウス－ヘスティア　ガニミデス
果実のついた枝を持つ家内安泰の女神
ヘスティアとワインを注ぐガニミデス。

**ディオニソスがアリアドネをエスコートする図
アンフォラ**

両耳付の 長い壺
アテネ、国立考古学 博物館

ディオニソスとアリアドネ　アンフォラ
エロティデス、サティロス、そしてメナーズの安らぎ
の図。　両耳付の 長い壺

紀元前３８０年
アテネ、国立考古学 博物館

シンポジウムの発祥

シンポジウム
古代ギリシャ人の一般生活

　ディオニソスは 人々が飲み過ぎたり、 酔っ払うことを 望んでは いなかった。 彼は、 人々がワインによって リラックスし、 楽しい雰囲気を作りだすのを望んだのだ。ディオニソスと ワインは、 人々を自由に、より柔和で親密になれるよう 手助けしたのである。

トリプトレムスシンポジウム

キリックスの外面全体にシンポジアの場面が描かれている。 両面ずつ5人の男、計10人がクッションにもたれている。彼らは音楽を聞いたり、話をしたり、ワインを飲んでいる。トリプトレムスは、ブリグス、ドゥーリスと並ぶ著名な画家で、紀元前5世紀の初、中期を通して活躍した。

トリプトレムス作 － ミュンヘン、シュターリッヒ アンティケンサムルンゲン

ゲームを楽しむ娼婦たち

この場面はヒドリアの高地でのもの。2人の高級娼婦がコタボ（古代の人気ゲームで主に3人で遊ぶ）をしながらスキフォスのワインカップを大事そうに手にしている。場面は簡素な柄上に描かれており、アンテミア境界線で区切られている。

フィディアス作
ミュンヘン、シュターリッヒ アンティケンサムルンゲン

ヘラクレス、アテナ、そしてヘルメス

ヘラクレスが、競技の後にシンポジアでくつろいでいる図。 隣には彼の守護神、アテナがヘルメスを従えている。右側には余興のため、ワインを用意する男が描かれている。

アッティカのアムフォラ － 紀元前515年
アドノキディス作
アテネ、国立考古学 博物館

ワイン発祥の地、ギリシャ

古代ワインの飲み方

水と混ぜて飲む方法

　古代ギリシャのシンポジウムでは、ワインをそのまま飲むことはありませんでした。それは古代アテネの賢者と、ソロン（立法化）の法でした。紀元前６世紀。
　ワインを水と割って飲む方法は、ミケーネ時代から知られていました。しかし、水で割って飲む方法は、不道徳かつ刑罰に値するものでもありました。紀元前７世紀に詩人ヘシオドスは、初めてワインと水の割合を示しました。ワイン１に対し、水３でした。

　紀元前６世紀のアルケオスとアナクレオンの有名な古代のシンポジウムに関する叙事詩では、ワインと水の割合は、１対２となっています。後の紀元前４世紀の、レズボス島のテオフラストスの書物に、ワインに水を混ぜて飲む方法アクラトスイノス（Akratos oinos）を継承するギリシャ人を、時代錯誤と非難した記述があります。

アッティク・アンフォラ
シンポジウムで飲まれるワインを水と混ぜて用意をする姿を描いた素晴らしい アンフォラ。
紀元前５１５～５１０年
高さ：３８．５cm
シミクロスの画家によるもの
ブリュッセル ロイヤル ミュージアム

アッティク・レベス
ペリウスとセティスの結婚式が描かれている。ソフィルスの署名入り。

紀元前５８０～５７０年
高さ：７５cm（２８＋４７）

ロンドン、大英博物館

赤絵式カリックス・クラテル
ディオニソスとメナーズのシンポジウムの様子が描かれている。

紀元前４００年
高さ：３２cm

アテネ、国立考古学美術館

デルヴェニの銅製クラテル
セイレーンとメナーズに付き添われる、ディオニソスとアリアドネの結婚式。

紀元前３３０年
高さ：９１cm
テサロニキ、考古学博物館

赤絵式アッティク・クラテル
ディオニソスと取り巻きに付き添われ、火の神、ヒフェストスがオリンポスへ帰還。

紀元前５５０～５４０年
高さ：５６．５cm
リドス作
ニューヨークメトロポリタン博物館

銅製ヴォリュートクラテル
これは、上流社会の人たちがそれらの瓶を使用していた事を意味している。

紀元前５３０～５２０年
高さ：６２．５cm
ミュンヘン、シュターリッヒ
アンティケンサムルンゲン

芸術的に飲むワイン

ワインサーブが古代ギリシャで芸術となった：あらゆる形状の瓶、セラミック、銅、銀、金製の物がワインサーブを魅力的かつ、実用的にするために造られた。

川や海に置いてワインを冷やす入れ物（ワインクーラー）も開発され、ワインを絞る係の者たちは飲む前にフィルターを通した。

メナードたち（若い女性）がキリックス（ワインを混ぜる壺）からワインを取りだし、イノホイ（デキャンタ）に注ぎ、シンポジアで人々のワインカップにふるまった。

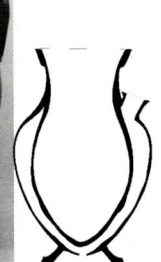

プシクティール・アンフォラ
リドスの画家の特徴が見られ、ディオニソスとサチュロス、メナードの姿が描かれている、高さ：40.2ｃm。
紀元前５５０年
ロンドン、大英博物館

赤絵式・プシクティール
古代ワイン生産地、第3の島であったレズボスの詩人、アルカイオスとサッフォーが描かれている。
紀元前5世紀
ミュンヘン、シュターリッヒ
アンティケンサムルンゲン

銀製こし機
アレキサンダー大王の父君、フィリッポスの墓から発見された。
紀元前4世紀末
テサロニキ、考古学博物館

イノホイ或いはワインデキャンタ

黒絵式・オルピ
アマシス様式で、ペレウスがメドゥーサを打ち負かす姿が描かれている、高さ：26cm。
紀元前560～525年
ロンドン、大英博物館

銅製イノホイ
テサロニキ近郊のサブルポリスで発掘された。
紀元前5世紀末
テサロニキ、考古学博物館

銀製イノホイ
アレキサンダー大王の父君、フィリッポスの墓より発掘された。
紀元前4世紀末
テサロニキ、考古学博物館

ワインの器の多様な変化

　古代の器、特にキリックスの内側と表の両面に施された装飾は、饗宴でワインを飲むという行為を特別な美学にまで発展させたことを証明している。この無蓋キリックスは、飲み手が器とその中味の両方を楽しめるようにし、人の五感を同時に満足させた。飲み手は器の取っ手、もしくは脚の部分を持ち上げ（触感）、慎重にバランスを取りながら、少し手前に傾け、飲み物を口に含み（味覚）そして、喜びながら舌を打ち（聴覚）、同時に、飲み手は香りを吸い込み（嗅覚）、自分の目の前で静かな小波のように揺らぐこの澄んだ液体を眺めながら（視覚）、飲み進むうちによりはっきりと見えてくる器の中の絵柄をも楽しむことができた。古代文学で器と飲み手の口をエロチックに表現することが多かったのは、単なる気まぐれからでは無かったのだ。

　ワインを最高に楽しむためにさまざまなワインカップが作られるようになった。中でも、スキフォス型、カンタロス型、そしてキリックス型が紀元前6世紀と7世紀にはもっとも多かった。

スキフォス型

スキフォス型　二人の若い給仕が渦形のクラテルからワインを汲み出し、シンポジウムで客に注ぐ準備をする姿が描かれている。

オックスフォード、アシュモレアムミュージアム

このスキフォスは SEO（ギリシャワイン協会）のシンボルとなっている。

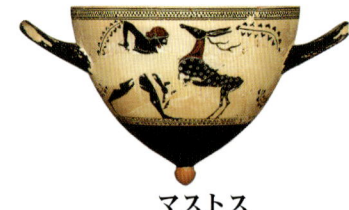

マストス

紀元前 540～530年、高さ：10.8cm
ミュンヘン、シュターリッヒアンティケンサムルンゲン

カンタロス型

カンタロス型　この美しいカンタロスは裕福な一族のために特別に製造された。このように特別なカンタロスは富を誇示するためや政略的結婚式、または凱旋の祝い事のために使用された。シンポジウムなどの普段の祝い事には普通のカンタロスが使用された。

紀元前 540～530年、高さ：21cm
ミュンヘン、シュターリッヒ アンティケンサムルンゲン

紀元前 300年、高さ：11cm
ミュンヘン、シュターリッヒ アンティケンサムルンゲン

キリックス型

紀元前 540～530年、高さ：17.5cm
パリ、Louvre No.3190

ワインを運ぶ男。
紀元前 510～500年　（ロンドン、大英博物館）

ワインの器の多様な変化

ミケーネ文明、トロイア戦争によって有名

高級で珍しいメタル製の瓶がシンポジアで使われた。
早くはミケーネ時代から、アレクサンダー大王の時代まで、金、銀、銅製の物が使われていた。

ホメロスのイリアード（紀元前632－635）でネクター用の"素晴らしいゴブレット"が登場する件りがある。
メタル製の瓶のほとんどが王族の墓から発掘されていて、上流階級の人たちが使っていた事を示している。

キリックス型（銀）　　　カンタロス型（金）

金製ワスキフォス型 　　　　**金製ワインカップカンタロス型タイプ**

紀元前１５世紀、アガメムノン王が使用したと思われる金製の逸品。
ペロポネソスのヴァフィオ、ミケーネより発掘された。

紀元前１５００年　　　　　紀元前１５００年　　　　　紀元前１５００年
アテネ、国立考古学 博物館　アテネ、国立考古学 博物館　アテネ、国立考古学 博物館

キリックス型

金製キリックス　　　　**銀製キリックス**　　　　**金製 キリックス**

紀元前１６世紀 歴代の王達に使用された金製の傑作品、ペロポネソスのミケーネ王の墓より発掘された。

アレクサンダー大王の父君、フィリッポス王の墓より発掘された。

紀元前１６世紀 歴代の王達に使用された金製の傑作品、ペロポネソスのミケーネ王の墓より発掘された。

紀元前１６００年　　　　　紀元前３３０年　　　　　紀元前１６００年
アテネ、国立考古学博物館　テサロニキ、考古学博物館　アテネ、国立考古学博物館

ワイン貯蔵の発祥

　アンフォラ（両耳付の壺）は、あらゆる品物の貯蔵や運搬に使われた。　オイル、ハチミツ、ナツメ、オリーブ、そして何よりもワインのために使われたのだった。　ワインの製造が熟練するに従って、その運搬もより重要になった。　ワイン用のアンフォラには、防腐のため強い匂いのする食品などに一切使われた事のないものが厳しくチェックされ選ばれた。　ワイン商はアンフォラの中に松脂を塗り、蓋をしっかりと閉めるのにも細心の注意を払った。　蓋には通常木材、コルクが使われ、それらにもしっかりと松脂が塗られていた。

ぶどうとワインを崇拝する地中海
エジプト、シシリー、シラキュース、マルセイユへ

アルゴーの航海

ロードス島のアポロニアス著
"アルゴーの遠征"から

　テッサリアのイオルコスを出航したアルゴー号は、アルゴーにまつわる神話と数々の出来事を含め、大胆不敵なギリシャの航海士たちが、遠征で発見した新地で様々な開拓を行い、よって、地理的知識を深めていったと結論付けている。
ポンドス（黒海沿岸の全地域）の貴重な発見と、諸国へのヘレニズムの普及は、アルゴーの航海と航路にまつわる物語に由来している。

アンフォラの経緯

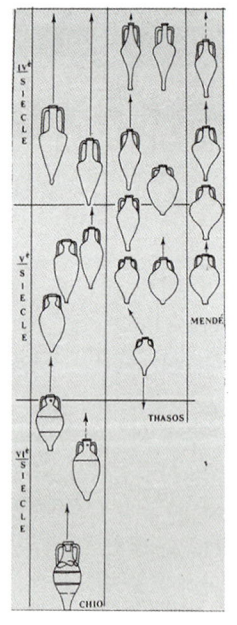

フランス人、サルヴィアート教授の学説。発掘された場所と時代による

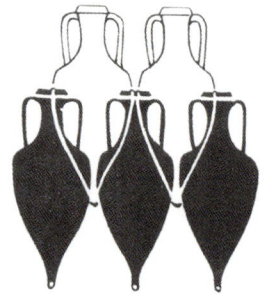

紀元前10世紀
底が尖ったアンフォラ（リトン）、主に、船での運搬用として使われた。
片方の取っ手に、スタンプで原産地、法的記録などが記されている。
その記録とは以下の通り：
1) 正式免許を持った製造者からの、内容物に関する製造記録番号。
2) 毎年役人を選出する月と日付。
高さ：８０ｃｍ、直径：３５ｃｍ

ワイン法、ワインの産地の証明

酒神ディオニソスとその妻アリアドネの息子イノピオナス（ワインメーカー）の神話によると、イノピオナスはヒオス島の王に収まった後に、古代のワインでもっとも有名なアリウシオスイノスの作り方の秘訣をヒオスの住民に伝授した。(p.28 古代の有名なブランド参照）ヒオス島が古代ギリシャで最も有名なワイン生産地として知れ渡り、その次は大変厳しい法律により封印されたクオリティーワインのタッソス島、そして三番手は、古代の有名な詩人、アルカイオスやサッフォーが住んでいたレズボス島であった。彼ら芸術家のワインの素晴らしさを題材にした作品の影響もあって、島の人々は素晴らしいワインを造り上げた。レズボスは後にエロチックなミューズでも有名になった。

ワインの売買とその消費者を保護するために、初の法律が採択された。トルコ支配下にあったギリシャの美しい島、タッソスで、ワイン鑑定家達が待ち望んだ"神話か歴史か"この疑問に対する答えが刻まれた大理石のプレートが、フランスの学会によって発掘された。

ワイン法のあらゆる条項と共にタッソスのオリジナルワインを他の物と混ぜ合わせるのを防ぐため次のような事が書かれてあった：

《《如何なる業者船であっても他所のワインを積んだ者はタッソス島の領域内に立ち入る事はならない》》。

ワイン法、紀元前4世紀
タッソス島　博物館

アペラシオンの刻印がそれを象徴している

ヒオス、タッソス、レズボス等のエーゲ海の島々、メンディス、トラキアの上質なワインの評判が知れ渡るに連れて、ワイン製造者はアンフォラのオリジナルスタンプや、粘土の封印等より高度な保護策を講じるようになった。

紀元前4世紀
タッソス島　博物館

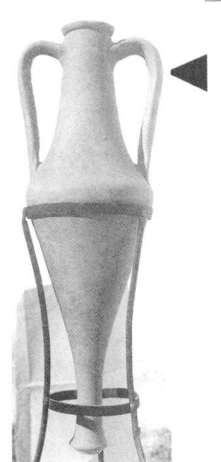

ワインの製造の発達にともなって陶器も地元の雲母を含む良質の土を使った大変高品質なレベルで製造されるようになった。全てのアンフォラは刻印され、とくに出荷前に刻印することは法律で決められていた。印には製造者と印を押した役人の名が明記されていた。

ワイン法、紀元前4世紀
タッソス島　博物館

ワインのタイプと部類（カテゴリー）の導入

古代ギリシャには多大な数のワインの種類があり、人々は大きな興味を寄せていた。アティネオスの評論：

<< τοσαύτα οινολογήσαντος ήτοι περί οίνων ειπόντως, λαφύσσοντος οίνων ονόματα...>>　　　(II,40 F).

アティネオスが作り出したワインに関する言葉 **エノロゲオ** は、ありがたい事に現代でもエノロジー、エノロジストと殆どそのままで使われている。

エーゲ海に数多くある良港は貿易の発展をうながし、ワイン、チーズ、蜂蜜、パン等がギリシャの本土と島に行き渡った。そうなるにつれ人々は、品物を名前で要求するようになった。名前はその品を記述することであり、古代ギリシャ哲学ではアリストテレスが言うように、物事は曖昧ではなく厳密に記述されるべきだという考えがあったからである（抽象論１１８２ｂ）。

紀元前５世紀頃になると、より多くのワインの品名と有名なワインが現れる。都市国家アテネの条例では法律によりワインを保護し、続いてアペラシオン導入、さらにワインに印章を施す事によって品物を詳細に示し、カテゴリーを生み出した。製造部類により古代ギリシャでは以下のカテゴリーが作られた：

ワインの分類（タイプ）

古代ギリシャではワイン分類の深い知識は大変重要で、丹念に紹介され参照された。アシネオスのヒオス島のワインに関するコメントを参照する事が出来る。（I, 32F）

<< χαριέστατος δ' έστίν ό Χίος καί τού Χίου ό καλούμενος Άριούσιος. Διαφοραί δέ αύτού είσι τρείς. ό μέν γάρ αυστηρός έστιν, ό δε γλυκάζων, ό δε μέσος τούτων τή γεύση.....>>

著名なフランスのワイン作家、アンドレ ジュリエンは彼の著書「Topographie de tous les vignobles connus, 1816 AD」の中で後世代のためにワインの分類を試みたが、それは単にアシネオスの分類と同じであった。両者共にワイン分類の段階は：

古代ワインの分類		
クシロス	アパロス	グリコス
辛口	やや辛口	甘口
ヴァン・セック	モウル	デ・リキュル

アシネオスはギリシャ語でアフスティロスと呼ばれるもっともドライなワインが好みであったようだ。これらの分類とは別に、古代ギリシャではアルコール度と脂肪分が強く、正確なワインの温かさを示し、ワインの自然な熟成度を明確に現す用語 "パヒス" を使用していた。

古代ギリシャワインの有名なカテゴリー

1. パノミオティパ （複製されたワイン）
2. ミクティス・プロエレフシス （混合されたワイン）
3. イディキス・エペクセルガシアス（特殊製法によるワイン）
4. エクシジティメヌ・グストウ （洗練されたワイン）

1. パノミオティパ (PANOMIOTIPA)
有名なワインのコピーだが場所に関連があるものであった。 例えば、プラムニオスイノスは イカリア島の有名なワインだが、これをレズボス島の商人は "レズボスのプラムニオス" として 売っていた。

2. ミクティス・プロエレフシス(MIKTIS PROELEFSIS)
二種類以上のワインを混合したもので、 これが現在のテーブルワインである。 これらは主にテーブルワインを専門にした業者が製造していた。 テオフラストスは 「味について」 という著書の中で色々な違った味のワインを紹介している。 紀元前4世紀頃有名だったワインは:
- イラクリオティス(IRAKLIOTIS)
- エリスレオス(ERITREOS)

(テオフラストス "味について")

3. イディキス・エペクセルガシアス（特殊製法によるワイン）(IDIKIS EPEXERGASIAS)
特殊手順によるワインの中でも特に有名なのは以下である:

3.1. サプリアス・イノス：このワインは完熟したぶどうと醗酵したぶどうを少量混ぜて、より熟成した香りを作出している。 紀元前5世紀の詩人、エルミポスはサプリアス イノスをザクロやヒヤシンスのような香りと絶賛した。

3.2. プロトロポス・イノス：これは通常行われるぶどうプレスをせず、ぶどうを運搬する途中などに自然に出た新 ぶどうの抽出液をもとにしたワイン。

3.3. オムファキティス・イノス：オムファケスとは未熟なぶどうのことで、これは未熟なぶどうと完熟したぶどうの抽出液を混ぜ合わせることにより、酸味を強めたワイン。

4. エクシジティメヌ・グストウ （洗練されたワイン）
これらのワインは呼び名の通り、他の物質とワインを効果的に混ぜ合わせたもの。製造者の意図は、単に特別な味を生み出すだけではなく、これを飲む人間の体にも活力と健康を与えるようなワインを造る事であった。 また、テオフラストスも明言したように、シンポジウムでは飲み手が直接、ワインにフレーバーを足した。

4.1. リティニティス イノス：現在でも有名な "レツィーナ" ワイン、呼び名は松脂を足したところからきている。

4.2. サラシティス イノス： これはワインに海水を足したもの。 もっとも有名なのはコス島のもの。

4.3. アリウシオス イノス： ヒオス島のワイン。

プルタークは風味や味などを付加することを嫌い、シンポジウムでこれらを "ワインを堕落させるもの" と非難しました。 そしてさらに、こういった状況がはびこる素人嗜好の暴走と、彼の著書「ペリ・トウ・エフ・ジィン」で説明しています。

酸の可能性

　酸の可能性は古代ギリシャでも熟知し、利用された。 まだ若いぶどうの採取が行われていたという記述が、"ディオニシアカのノノス"に出ている。　<< άμβελος ήβώουσα πεπαίνεται άμμορος άρπης, παρθένε, σύγγονος ήλθε..>>
Nonnos in the Dionisiaka

また、良いワインはぶどうだけでなく、それを育てる畑の質も大変重要だと考えられていた。

古代のぶどう品種

　ローマの偉大な詩人は次のように言った：ギリシャのぶどうの種類を数えるより、海岸の砂を数える方が容易である。

　　現代でも証明されているように、良質のワインはぶどうの品種に係わっている。例えば：
- アイダニ
- アシリ
- イリゴニ　　　　（現在名は　サヴァティアノ）
- リアティコ
- リムニオ　　　　（現在名は　リムニオ）
- ブラック・オブ・ネメア　（現在名は　アギオルギティコ）

以上のぶどう品種は地理的環境に恵まれれば、最高品質のワインを造り出すであろう。

古代のぶどう畑

　哲学者プルタルークによると、古代ギリシャ人はぶどう畑の立地条件の重要性を良く知っていた。 中でも有名なエギアのぶどう畑クラソトピアは島の北に位置し、高地にあった。 他にも有名なアリウサ、サモス、イカリアがある。

<< τώ δέ Διονύσω τήν πίτυν άνιέρωσαν ώς εφηδύνοντες τον οίνον (...) καί την θερμότητα της γής Θεόφραστος αιτιάται, καθόλου γάρ έν αργιλώδεσι τόποις φύεσθαι τήν πίτυν, είναι δε τήν άργιλον θερμήν, διό καί συνεκπέττειν τόν οίνον, ώσπερ καί το ύδωρ ελαφρότατον καί ήδιστον ή άργιλος αναδίδωσιν.....>>
Ploutarch in Symposiaka ÇÈ.676 Á

古代の有名なブランド

- アリウシオス　イノスはバランスの良いワイン。
- プラムニオス　イノスは酸味のあるイカリア島のワイン。
- イラクリオティスはテオフラストスの語録でデリケートでバランスのとれたワインとされている。
- エリスレオスもテオフラストスによって芳香高いワインと言及されている。
- コス島のコス　イノスは極上のサラシティスワインを造った。
- サプリアス　イノスは詩人エルミポスによると、バラやヒヤシンスのブーケのような香りのワイン。
- イズマリコスイノス
- マロニオスイノス

古代ワイン用語集

ギリシャ語のワイン用語に関する貢献度は大変なものである。単一の言語でこれだけ正確な専門用語を生み出した事実は、古代ギリシャ以前には例を見ない。以下は用語のほんの一部：

	古代ワイン用語集	
Anthosmia	アントスミア	花のブーケのような成熟した葡萄の香り
Aroma	アロマ	土の香りに用いられた
Afstiros	アフスティロス	甘味の反意語
Apsitos	アプシトス	若い酸味のあるワイン、主に赤
Drimis	ドリミス	自然でほど好い影響を施すワイン
Efharistos	エフハリストス	バランスのとれたワイン
Eklektos	エクレトス	大変上質なワイン
Evarmostos	エヴァルモストス	調和のとれたワイン /(harmonious)
Evgenis	エヴゲニス	常より質の高いワイン
Evosmos	エヴォズモス	特別な香りを持つワイン
Geodis	ゲオディス	土の香りを持つワイン
Glykys	グリコス	イリスと同意で甘口のワイン
koufos	クフォス	ライトボディーワイン
Liparos	リパロス	ライとは多少異なるが、大変ワインらしいワイン
Moshatos(Muscat)	モスハトス	特別な香りを持つワイン
Oinodis	イノディス	アリストテレスの説明による上質のワイン
Opos	オポス	プラトンの説明によるジュースのような味のワイン
Pachys	パヒス	香り高く口を刺激するようなワイン
Sapros	サプロス	腐ったという意味だがマイルドでソフトな柔らかい感触のワイン
Skliros	スクリロス	大変酸味の強いワイン
Varis	ヴァリス	フルボディーワイン
Xiros	クシロス	ドライワイン、スウィートの反意語

タソスで発明されたメートル法は容積測定としても使用された：
左の窪みは1スタムノス（アムフォラタイプ）又は7.68リットル。右の窪みはアムフォラの半量分を測定する物で15.36リットル。写真の容積測定器は特別に地元の検査官達によって、貿易の神ヘルメスに奉納されたもの。

タソス島美術館、イニラ、ワイン計量器

ヘレニズム時代・アレキサンダー大王

　都市国家アテネの衰退に伴い、マケドニアの国王、フィリポスとその跡継ぎであるアレキサンダー大王もやはり、ワインを好み、ディオニソスを称え奉った。

ディオニソス神と彼に飼い慣らされたトラ。古代のペラで発掘されたモザイク細工。
ペラはマケドニアの古代首都で、現代ギリシャで二番目の都市、テサロニキから70kmほど離れた場所に位置する。

古代ペラ
アレキサンダー大王の生地、
ペラ国立博物館

146 B.C. ～ 330 B.C.　ローマ帝国支配下のギリシャ

　ギリシャの文明、哲学、建築、日常の食べ物、ワイン、その他多くの物が、恰も歴史上存在しなかったかのようにローマ人によって受け継がれた。ホラティウスの有名なローマ詩人の格言に、"ギリシャはローマに支配されたが、ローマはギリシャ文明に魅了された"とある。　　Graecia capta ferum victorem cepit　"Horatius"
これら事実の変化と影響の形跡として、グレコ ディトリュッフォ、アリャニコ（ヘレニコ）種のぶどうや、シシリアとシラキュースに留まらず、イタリア南部を含めたマグナグレチアという名でも確認することが出来る。

331 A.D. ～ 1453 A.D.　ビザンチン帝国時代

　ビザンチン帝国はローマ帝国の東側一帯で、A.D. 4世紀にローマ帝国の西側一帯が崩壊した後も存続した。首都はコンスタンチノープル（現在のトルコのイスタンブール）であった。
コンスタンチノープルはローマ帝国からの大いなる離脱を成し遂げたコンスタンチン（母親はギリシャ人）によってA.D. 330年に首都に設定された。コンスタンチンは初のキリスト教徒出身の皇帝に納まり、ビザンチンの新しい首都を彼自身に因んで命名した。
発展の中心は、アテネからローマへ、そして今、コンスタンチノープルへと転身を遂げていった。

1454 A.D. ～ 1821 A.D.　オスマン トルコ支配下のギリシャ

　オスマン トルコ支配下では、一切の商業取り引きや活動は禁じられていた。唯一了承されていたのは、有名かつ厳選された地域でのワイン製造とその取り引きだけで、それも実は、税金の徴収が目的であった。その地域とワインにはサモス島のサミアン ワイン、サントリーニ島のヴィンサントワイン、クレタ島の有名なマルヴァジア・ディ・カンディア（クレタ島のマルヴァジア）の名でも知られる。

現代のギリシャ

第2章

現代ギリシャワイン

◆ ギリシャ、過去100年間
◆ 地理 – 地形 – 気候
◆ ギリシャワインの特徴
◆ カプニアスワインから
　　カベルネ・ソーヴィニヨンへ

ワイン製造と

ヴィティカルチャー、

ギリシャ4000年の文化に

欠かせない要素。

ギリシャ、過去100年間

■ ぶどうとワインの現在

　過去20年間に渡って、ギリシャワインの質革命に拍車がかかりました。上質なぶどう品種の配合と現代的なヴィティカルチャーとヴィニフィケーションの導入が、新世代のイノロジスト（ワイン学者）と農学者たちの指導の基、ギリシャワインの再生を実現しました。人材と最新の技術に多くの投資が行われ、望んだ通りの結果を生み出しています。ギリシャワインの国際的知名度も高まり、ギリシャはワイン生産国として、新らしいスター誕生のような扱いを受けています。国際的なワインコンペでの数々の賞や、数え切れないほどの文献が世界中で発行されている事が、4000年の伝統を誇るギリシャのワイン生産が、世界市場で先頭軍団の好ポジションに返り咲いた事を証明しています。2004年のオリンピックが、古代からそうであった様に各競技後に催されるお祝いの席で、ギリシャワインをプロモートするのに最適な機会となる事でしょう。

ギリシャは多様な種類の土と天候状態（土の成分と要素、降り注ぐ太陽、海の影響と全般に温暖な天候）に恵まれ、ぶどう栽培に最適でギリシャのぶどう畑に無限の可能性を与えてくれます。

環境とぶどう園自体が島から高地まで広く分散していて、多くのワイン生産が限定されたオリジンかアペラシオンの地位を与えられている。

ギリシャのぶどう園では今でも300以上の純粋な品種が存在し、その内の多くが元をたどると古代へ遡り、それがギリシャワインの独自性をはっきりと示しています。これらネイティヴ品種の他にも、多くのインターナショナルな品種がギリシャの天候や土壌と相性が合い（単独、又はギリシャ品種と配合されたもの）、それが他とは異なる独特のワインを生産する事に貢献しています。

■ なぜこれほど遅れたのか：栄光の時代から占領まで

　過去600年間に渡ってギリシャは、ワイン製造を生活の糧にする家族たちにとって大変厳しい国でした。1453年コンスタンチノープル（イスタンブール）陥落以前の14世紀中頃、ギリシャはオスマントルコに占領されました。オスマンは回教徒にもかかわらず、彼らはギリシャのワイン生産を禁じませんでした。

彼らがギリシャでのワインビジネスが徴税の糧になり得る事を見逃す訳がありませんでしたが、逆にワインの将来性を妨げる事になりました。18、19世紀には地主たちが地元のワイン製造者に対して、収穫されたぶどうの運送を妨げるなどの嫌がらせをし、税金を前払いする様強制したりしました。ギリシャの独立戦争（1821－1829）により、オスマンが現ギリシャ領土の半分を放棄した頃、多くの葡萄園が根をそがれたり焼かれたりして破壊されました。ギリシャのぶどう栽培は、オスマンの占領から長い年月を掛けて回復しなければなりませんでした。

イオニア海、ケファロニア島、アルゴストリ

ギリシャ、過去100年間

■ 過去100年間

ワイン製造者たちにとって、過去100年間もまた、安易なものではありませんでした。ネアブラムシが1875年に初めて発生しましたが、ギリシャの自然なバリヤーのため進行はゆるやかで、本土の多くの地域が1950年代、1965と1970年代までこの破滅的な害虫に犯されずに済みました。ある地域は全く被害が出ませんでした。(p.46、フィロキセラ地図参照) ぶどう畑の再栽培は1912－1913のバルカン戦争、2回の世界大戦と1947－1949のギリシャ

アテネ、スタマタ場

国内戦争により遅々として進みませんでした。更に、戦後はギリシャから大量の移住者が、地球の裏側に安住するため国を離れました。この様な背景の元、現在のギリシャワイン業界がしっかりした足場を築くのに、過去30年間ほどしか状況的に恵まれなかったと言っても、過言ではありません。

■ ゆっくりとした改革

過去1世紀に渡り国内、世界大戦によるギリシャへの影響は、ワイン生産をブレンドワインと地元レツィーナのバルク販売に制限していました。第一次、第二次大戦の間、ワイン供給が過剰になった頃、ギリシャ政府は各ぶどう栽培者たちが協力し合い生き残りを図るようサポートしました。
1930年代後半頃も、地元ワインとぶどうはアテネ、テサロニキや他の地域のタベルナに直接運ばれていました。1950年代の終わりになっても、殆ど全ての

レツィーナが地元タベルナで造られていて、ぶどう液に松脂を混ぜて醗酵させた手法でした。やっと1960年代に入ってから、ボトルのレツィーナが市場に出回るようになりました。地方から都会へ労働力が移動すると同時に、徐々にもっと需要の高いアパート建設がブームになり、アテネのタベルナやバルクワイン、酒店に取って代わって、新しくスーパーマーケットとレストランが、都市の住民と毎年増え続ける海外旅行者たちのニーズを満たすようになりました。

残念ながら当時、レツィーナのみが量的に、この新たな需要を満たす事が出来るワインでした。何百万本ものボトルが、国内と海外で消費されるようになり、レツィーナがギリシャワインとして世界中に知られる様になりました。

この頃からギリシャワインと言えばレツィーナと世界中でみなされるようになり、驚くほど人気が上昇して、ギリシャ国内だけではなく、海外へも大量に輸出されるようになりました。

■ 都市化の影響

ギリシャの人口1,100万人の内、約600万人がアテネとテサロニキに住んでいます。この人口の集中はぶどう畑にも多大な影響を及ぼしました。地価の高騰が誘惑となり、特に、観光関係と新しいアテネ国際空港のあるスパタ地域などの土地を、ぶどう畑オーナーたちが手放しました。アッティカ地方のぶどう畑は、6000haほどに減少してしまいました。この地方では、新進のワインメーカーたちがあまり興味を示していない、サヴァティアノ種をメインに栽培している事が、何よりの救いです。経済の発展がぶどう畑を山岳の村へ追いやってしまいましたが、ワインの質革命で脚光を浴びているハイクオリティーな品種（アシルティコ、モスコフィレロ、ロディティス、アギオルギティコ、クシノマヴロ）にとっては、新しい環境のほうがかえって良かったのです。

■ 質の選択

これら全ての要素が、ギリシャワイン業界の行く

ペロポネソス半島、アハイアワイナリー →

ギリシャ、過去100年間

末に影響を及ぼしました。生き残るために、生産者たちは協力者を見つけるか、もっと規模の大きい製造者と長期契約を結ぶか、又は、ブティックワイナリーを建て、最上級ワインに的を絞り、高級志向を目指さなければなりませんでした。

■ ギリシャ訪問

ギリシャワインの質を正しく評価しようとするなら、ギリシャのワイン地域と、マケドニア、ペロポネソス、アッティカのワイン街道を実際に訪れる事です。そうすれば、青い海と空が光輝き、暑くて長い夏に惑わされる事無く、ギリシャの冬の光景を目の当たりにする事が出来るでしょう。

厳しい山岳地帯、高い山脈、隠れ家のような人里離れた渓谷、肥沃な土地に果物、野菜、オリーブやぶどうが主体の農村。

大きな驚きは、ギリシャのワインビジネスに対する巨額の投資です。国土のいたるところに新しいワイナリーがたくさんあり、アートのような質、ステンレス製醗酵タンクなどを完備しています。この鈍く光るステンレスの側には、世界中の最も有名な森（アリエー、リムザン、トロンケ、その他、ホワイトアメリカン、ロシアン、スロヴェニアン）から調達された木で作った真新しいバレルが、何列も並んでいます。

クレタ、サントリーニ島からペロポネソスとアッティカの中心、北マケドニアやトラキアのマロニアにある古代ブドウ畑まで、全てのワインシーンで同じレベルの興奮を味わう事が出来るでしょう。今日、ギリシャでワイン製造にかかわっている全ての人たちは皆、この新しい質革命に従事しています。

ギリシャは紛れも無くワイン生産国のなかでは、最後にワイン革命の幌馬車に飛び乗った乗客です。ただ、遅れたために、他の先進国の経験を元に最高のものだけを選び、学ぶアドバンテージを稼ぐ事が出来ました。

今日の情熱的なギリシャワイン製造者たちは、若く、教養があり、世界中を旅し（例えば、古代パツァニアスのようにワインに旅は付き物）－新世界のワインブーム前期でいくつかの国が陥った、木の過剰な利用や"興味本位"の２次元ワイン、極端な冷却醗酵などの間違いと落とし穴を避けることができたのです。

現代のギリシャワイン
地理 – 地形 – 気候

多様性という表現は、ギリシャの地形をいい表すのにもっとも適した言葉です。一方にはギリシャの背骨といわれるピンドス山脈やパンテオンを従えた、ギリシャでもっとも高い標高2,917mのオリンポス山がある。マケドニア地方やトラキア地方の山々はいたる所で交差し、その渓谷には小川が流れ、その一方では、レース編みの様な海岸線が限りなく広がり、驚くばかりに素晴らしい景色を織り成しています。地中海でも珍しい、この複雑に入りくんだ海岸線がギリシャの特筆すべき美しさです。

先に述べた多様なこれらの地域には、地下水が海のさらに下を流れています。何千年も昔、現在海である場所は乾燥した土地でした。ペロポネソス半島の南端に位置するテラロ岬のイヌッセス深海は4,850mもあり、地中海一の深さです。

ギリシャ半島はヨーロッパの最東南端に位置し、広さは131,944平方キロメートルです。ギリシャ本土（アッティカ、ペロポネソス、ステレア エラダ、テッサリー、エピロス、マケドニア、トラキア）、そしてエーゲ海とイオニア海の島々から成ります。バルカン半島の最南端に位置し、地理的にヨーロッパに属し、ギリシャ本土の西海岸から伸びる小さい鎖のようなイオニア海の島々を通して、ヨーロッパと常に特別な関係を持っていました。

対照的なのはエーゲ海の無数の島々です。南に位置するクレタのように幾つかの島は孤立し、北東の島やスポラデス、キクラデス、ドデカネーズの島はグループを成しました。キクラデス諸島は39の島から成り、その内24島に人が住んでいます。エーゲ海のスポラデス諸島はギリシャ本土の東海岸とエヴィア島の対岸に位置します。これら諸島全ての住民は地域の純粋な独自性と、いつまでも変わらぬ伝統を維持しています。ドデカネーズ諸島は12の主な島と幾つかの小さな島から成り、ここでもまた、それぞれの特殊で独自性のある生活を営んでいます。

さらに、アッティカの海岸とペロポネソス半島との間に位置するサロニカ湾があります。ここにも幾つかの島があり、地域一帯の景観にさらに色を添えています。

植物とその繁殖、そして種類は気候と地域によって大きな違いが生じます。ギリシャでの植物の繁殖は大変早く、これまで生来の物だけでも6,000種が確認されています。その内250種以上がクレタ島に存在します。この特筆すべき植物の繁栄が、ヨーロッパとアフリカの間に位置するギリシャの独自性を明らかに示しています。

ギリシャのいたる所に広がるぶどう畑などを通して、人生の喜びの一部であった植物の繁栄を目にする事が出来ます。樹木は中くらいの高さのものが主で、松、樫、モミ、オリーブ、桑、柑橘類の果物や椰子など多種あります。ギリシャのほとんどの地域は温暖な冬をともなう地中海性気候です。夏は亜熱帯気候に近く暑いですが、"メルテミャ"と呼ばれる定期的に吹く季節風により涼しく感じる時もあります。

最後に、他に類を見ないギリシャの気候の素晴らしさ、それはあり余るほどの日照時間の長さです。
平均して年間3,000時間も太陽がさんさんと降り注いでいます。

北ギリシャ、ハルキディキ半島、
マラグジア種7月

ギリシャのワインの特徴

■ ギリシャの広範囲な商業と植民地のお陰で、ワインは西洋文明に不可欠なものとなりました。

■ ギリシャ固有のもので約３００種類

■ 素晴らしいコンビネーション； 山－海－台地

メツォヴォ場
イピロス県

ハルキディキ半島

サントリーニ島
アシルティコ種

■ 4000年以上に渡って現在もワイン界に貢献しています。

サモス島、アベロス山
エーゲ海を望む北側斜面

ペロポネソス半島、ネメア
それはヘラクレス縁の地

クレタ島、ヴァシペトロ
紀元前１６世紀よりワイン生産で有名な地

■ ワイン！他のどのような飲み物よりも喜びを醸し出し、
　みんなで一緒に飲むのが一番良い。

カプニアスワインからカベルネ・ソーヴィニヨンへ

　長年に渡る調査によると、カプニアス　アムペロス、又はスモークされたぶどうの子孫は、スモークされた木の香りが特徴のカベルネ系であると考えられます。ギリシャでは今マイルドでスモーキーな香り漂う古代のカベルネを再現しようと努力を重ねています。

　長年の調査により、真のスモークト　ワイン用原材料であるスモークされたぶどう、即ち、カベルネの起源はギリシャである事が証明されています。偉大な学者や歴史辞典などを通し調査は行われました。先ず基本的な要因として、著名なリデル＆スコットの古代ギリシャ語―英語辞典では、カプニアスを次の様に定義しています：
"煙に長時間さらされ、スモーキーな味を有するワイン"、又は"スモークされたぶどうで造られたワイン"

　古代ギリシャ人哲学者、アリストテレスとその子弟、現代植物学の父でもあるテオフラストスの両学者も、カプニアス　ワインはカプニアス　ぶどうから造られたものであると明言しています。
辞書学者のヘシヒウスはそのぶどうの色は黒みがかった赤、としています。

　カプニアス　ワインは、紀元前8から4世紀にかけてギリシャの植民地であったイタリア南部とシチリア島のマーニャ　グレチア地方に伝達されました。古代のSophistes at Dinnerの著者、アテネウスは、

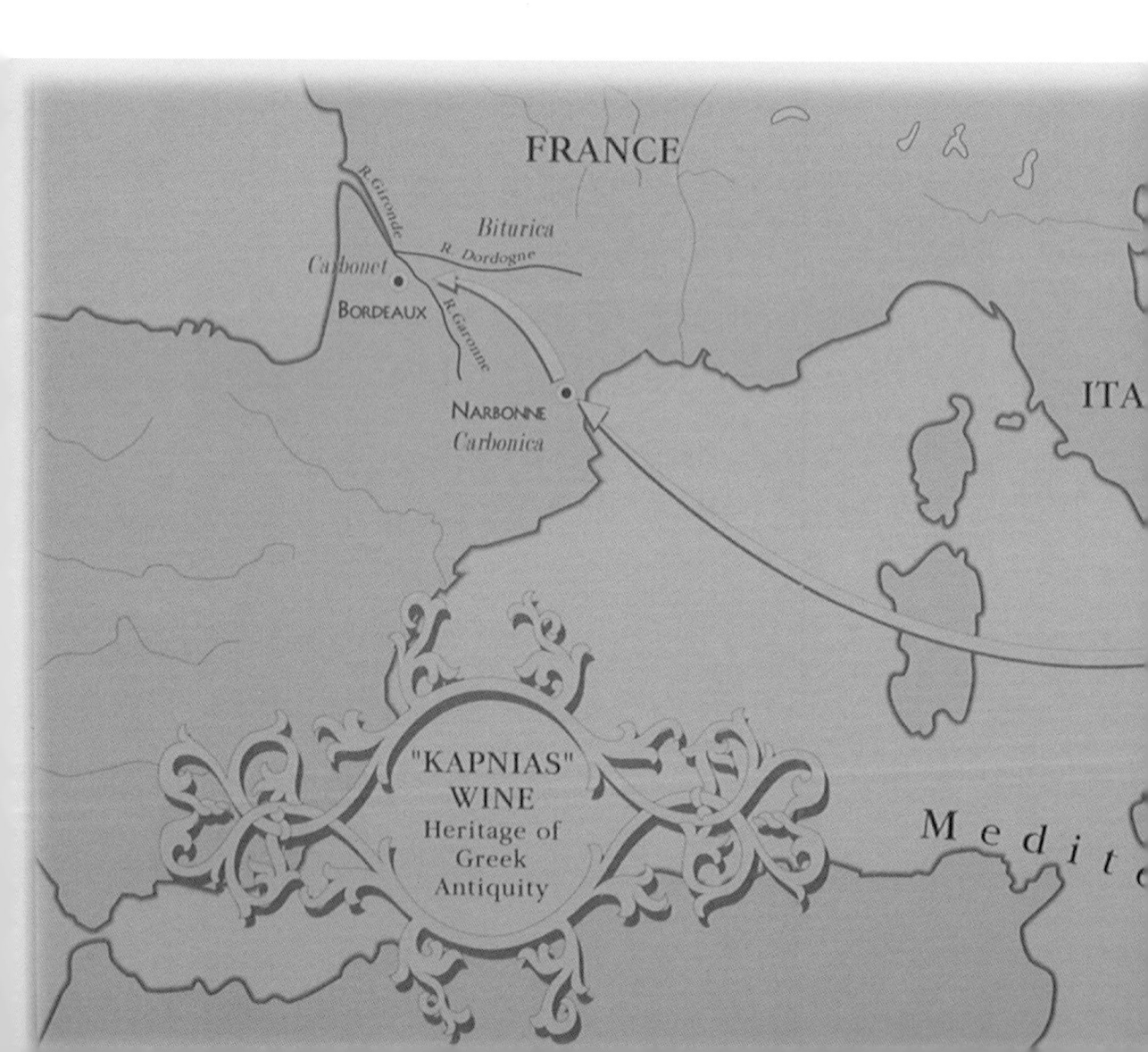

カプニアスワインからカベルネ・ソーヴィニヨンへ

イタリアの町、ベネヴェンタムで紀元前4世紀にカプニアスワインが造られた軌跡を記しています。古代の歴史家は、現在もイタリア南部の海岸に位置するカンパーニャ地方ワイン製造の中心地、ベネヴェンタムがホメロスのヒーロー、ギリシャ人であるディオメデスによって建てられたと述べています。ベネヴェンタムのようなギリシャの植民地では、スモーク　ワインはラテン語でヴィヌム　フュモスムと呼ばれました。リデル＆スコットの辞典では、"カプニアス"ワインはラテン語でヴィヌム　フュモスムであるとしていて、このラテン製とギリシャ製ワインとの関係は更に裏付けられました。

このラテン名は時を経て、ぶどうのほのかなスモーキーテイストと、更にはワインと木炭との出会い等によって、変化してきました。1世紀頃には、ローマの自然学者である長者プリニーが、木炭葡萄、即ちカルボニカがギリシャからボルドーへ伝えられた"ぶどうルート"の始まり、ゴールの南端ナルボンヌにもたらされた事を記しています。

これを裏付けるかのように、ラテン農学者、コルメラは、古代アクィテーヌ（フランス）でビテュリカとして知られるバシリカ　ワインが、北ギリシャ山岳地帯のイピロスの町、ディラヒウムという上質のワイン産地からもたらされた、固い種類のぶどうと説明しています。　紀元前は、ギリシャから輸入されたワイン

The long journey of a vine

カプニアスワインからカベルネ・ソーヴィニヨンへ

は最高の賞賛を浴びていましたが、プリニーとコルメラの時代には、輸入と運送のハイコストから、ローカルなぶどう栽培が積極的にシステム化されました。ヴィティカルチャーが、ナルボンヌの海岸からガロンヌ川に沿って徐々に北上するに従って、ゴール内陸の寒い冬と雨にも耐えられる、更に固い新種のぶどうが現れるようになりました。

著名なフランスとイギリスのワイン歴史家達は、カルボニカ種には主に二つの有名な種があったとしています。それらは1世紀頃にゴールに輸入されていました。ボルドーの中南部では、フィルヘレニック（親ギリシャ）なビチュリージュというケルト族に因んで、ビチュリカぶどうと呼ばれました。ビチュリカ、又はバリスカは古代ギリシャのぶどうで、ボールドゥレにヴィティカルチャーを創設するに至りました。その名は今日もビデュール、もしくはヴィデュールとして存在し、カベルネ・ソーヴィニヨンのボルドー地域方言です。そして、カベルネは数ある品種の中でも特に天候に強い種として知られています。

←ページ40-41はハジミハリスパブリケーション提供

北ボルドーの人々はローマ時代が終わり1世紀が経ってから、更にカベルネ・ソーヴィニヨンとフランに別名を与えたようです。ジロンドゥ川と共に、これらの子孫品種は、明らかにプリニーによるラテン語のカルボニカが変化し、カルボネ、又はカルブエと呼ばれました。ラルース百科辞典によると、カベルネは17世紀までジロンドゥ地方ではカルボネと呼ばれていたとし、カルボネと現在のカベルネの関係を証明しています。後に、カベルネとなりました。

結果として、古代ギリシャのカプニアス　アムペロス（スモークされたぶどう）からカプニアス　イノス（スモーク　ワイン）が造られ、早期ラテンのヴィヌム　フュモスム、後期のカルボニカとの因果関係とその経緯をたどる事になりました。更には、ケルトのビテュリカとジロンドゥのカルボネへと繋がっていきました。そこからは、現代のカベルネに一直線にたどり着きました。

カベルネ種のぶどうが、古代ギリシャのカプニアス、又はスモークされたぶどうの子孫であり、又、古代カプニアス　ワインの現代版がカベルネ　ワインである事は、間違いないでしょう。

↓古代ネメア

第3章
ギリシャのぶどう品種

◆ ぶどうの一生
◆ ギリシャのワインとぶどうの歴史
◆ フィロキセラとギリシャ
◆ ぶどう品種索引
◆ ギリシャの白品種
◆ ギリシャの白品種
　（ローズ色/Blanc de Gris）
◆ ギリシャの赤品種

ギリシャのぶどう品種

ぶどうの一生

44

ギリシャのワインとぶどうの歴史

紀元前6000年〜2800年の新石器時代、ヒッタイト人、シュメール人、エジプト人らによって、ザカフカスから小アジア、ナイルデルタ地帯の広い地域にわたってぶどうの栽培がおこなわれてきたことは、よく知られている事実です。しかしぶどう栽培が長い経験と技術革新によって、品種改良、安定生産へと技術化されていったのは、約4000年前のギリシャでした。

これらの歴史的事実は、トラキアからクレタに至るギリシャ全土からの考古学上の発見を見ても明らかです。また、多くの古代ギリシャの詩人や作家、哲学者、画家、彫刻家などの作品を通じても語られています。また、ソノックス近郊のヴァシペトロに残されている古代ワインの足踏み式プレス機をみれば、ミノア人(紀元前2800年〜1400年)たちはこの頃すでにぶどうの栽培技術を向上させ、微少アルコール発酵による高品質のワイン製造の方法を知っていたことがうかがい知れます。

時を経てぶどう栽培はクレタ、エーゲ海全域と、ギリシャ全土に広がっていきました。ホメロス(紀元前800年)、ヘシオドス(紀元前750年)、デモクリトス(紀元前500年)ヘロドトス、(紀元前372年〜430年、420年)クセノフォン(紀元前430年〜352年)アリストテレス(紀元前384年〜322年)、テオフラスタス(紀元前372年〜287年)らは皆、ぶどうの品種や栽培、ワイン製造、レーズン、ワインセラーなどに関する大変興味深い記述を残しています。例えばホメロスとヘシオドスはヴィヴリノス、イスヌロス、プラムニオスやリムノス地方など多くのワイン製造地域とワイン名をあげています。

さらに、紀元前4世紀ごろの記述には、エーゲ海のヒオス島(アリウシス)、レズボス島、タソス島のワインが最も賞賛され、数世紀後にはクレタ島のマルヴァジアスとサントリー二島のヴィンサントがギリシャの最高級ワイン製造の伝統を受け継いだ物であることが証明されたとの記述もあります。

このようなぶどう栽培とワイン製造技術の詳細は「ギリシャ式ワイン・ぶどう栽培法」として、ギリシャから全ヨーロッパへと広がっていきました。最初のギリシャ人入植者たちは、イタリアの南、シチリア、北アフリカ、スペイン、フランスで「ギリシャ式ワイン・ぶどう栽培法」を紹介、指導しました。このことについてカト、ヴァロ、ヴェルギル、コユメーユなどのラテンの知識人たちは、きそってギリシャ式のぶどう栽培法がローマとヨーロッパに与える経済的重要性を書き記しています。

Greek Vine Atlas, Ministry of Agriculture, Athens 1985, Kotinis

ギリシャのワインとぶどうの歴史

一世紀に入るとディオスクリディスがヴィニフェラなる新語を創り出しました。これはギリシャ語でイノフォロスといい、ワインを生み出すもの、つまり全てのぶどうの品種という意味です。古代ギリシャには名の知れたものだけで90種以上のぶどう品種と130種以上のワインがあったといわれています。

これらの中でよりワイン製造に適した品種は、かけ合わせによる品種改良などにより、より優れた品種に育てあげられ、栽培されました。古代から広く生息している野生あるいは土着のぶどう品種は、これらの手法によって現在も栽培され続けているものの先祖にあたるわけです。

19世紀までは野生のぶどうは北ギリシャとペロポネソス半島の一部では、ごく一般的にみることができましたが、フィロキセラの害によって1898年に根絶してしまいました。したがって現在のギリシャで栽培されているぶどうは、前に述べたように紀元前1800年〜500年の古代ギリシャで栽培されていた野生の品種をかけ合わせたものの子孫にあたるわけです。これらの品種は、ほとんどのギリシャ品種が属するプロールポンティカ種に属しています。このように最古の栽培ぶどうは土着の品種を交配させたものでしたが、現在では栽培変種された品種を特定するのはほとんど不可能です。

しかし、アリストテレスが書き記したリムニオ品種は今でもレムノス島で栽培されています。現在ではリムニアまたはカラバキとよばれ、リムニオとよく似た特徴を示しています。今日ギリシャでは300種以上のヴィティス・ヴィニフェラ品種が昔と同じ場所で栽培されています。そのほとんどは古代の単一または多種類をかけ合わせたものです。このようにギリシャのぶどう栽培は最初の品種改良に基づき品種の繁栄と永続性を保っています。その過程において野生の原品種は大変大きな役割を果たしているのです。

今日、ギリシャで最も成功している2ヶ所のぶどう栽培地域であるパフサニアスに近いマンティニアとネメアでは、両者ともモスコフィレロ種とアギオルギティコ種（ネメア）をそれぞれ別々に栽培しているという事実は決して偶然ではありません。両商品種とも長い経験に裏打ちされた栽培法と熟練されたワインの造り手によって、最高品質で独特の風味をもつギリシャ・ワインに生まれ変わるのです。

マノリス・スタヴラカキス
助教授　アテネ農業大学

フィロキセラとギリシャ

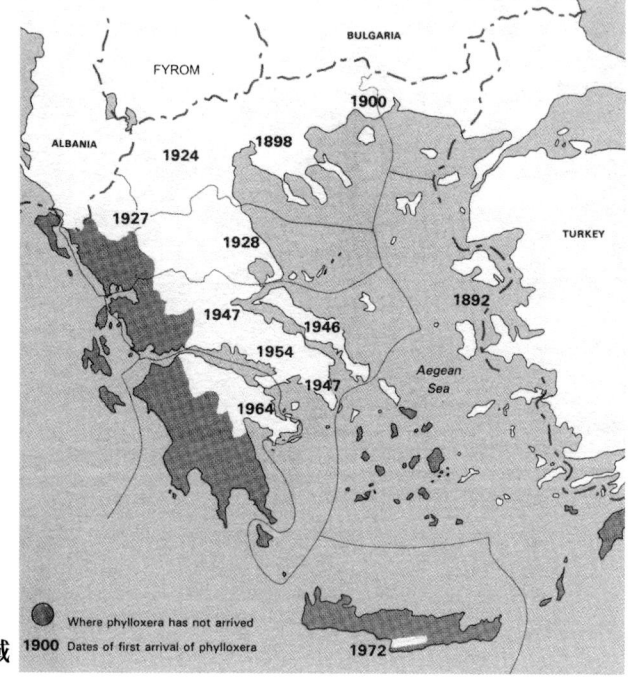

黒い部分：フィロキセラを免れた地域

ギリシャ固有のもので約３００種類

品種名	ページ
白品種	
アイダニ種（AIDANI）	48
アシリ種（ATHIRI）	48
アシルティコ種（ASSYRTIKO）	48
ヴィラナ種（VILANA）	48
ラゴルシ種（LAGORTHI）	49
マラグジア種（MALAGUSIA）	49
モネムヴァシア種（MONEMVASIA）	49
マスカット・アレキサンドリア種（MUSCAT OF ALEXANDRIA）	49
ホワイト・マスカット種（MUSCAT/PETITS GRAINS）	50
バティキ種（BATIKI）	50
デビナ種（DEBINA）	50
ロボラ種（ROBOLA）	50
サヴァティアノ種（SAVATIANO）	51
白品種（ローズ色/BLANC DE GRIS）	
モスホフィレロ種（MOSCHOFILERO）	52
ロディティス種（RODITIS）	52
シデリティス種（SIDERITIS）	52
赤品種	
アギオルギディコ種（AGHIORGITIKO）	53
ヴェルザミ種（VERTZAMI）	53
コツィファリ種（KOTSIFALI）	53
クラサト種（KRASATO）	53
リムニオ種（LIMNIO or KALAMBAKI）	54
リャティコ種（LIATIKO）	54
マンディラリア種（MANDILARIA）	54
マヴロダフニ種（MAVRODAPHNE）	54
メセニコラ・ブラック種（MAVRO MASENIKOLA）	55
ネゴシカ種（NEGOSKA）	55
クシノマヴロ種（XINOMAVRO）	55
ロメイコ種（ROMEIKO）	55
スタヴロト種（STAVROTO）	56
ファキアノ種（FOKIANO）	56

ギリシャの白品種

アイダニ種（AIDANI）
品種の特徴：アルコール度数、酸度ともほどほどだが、芳香なワインができる。
収穫期：8月下旬から9月上旬。
醸造ワイン：この品種はアルコール度数の高いワインで、酸度の強いワイン（例えば、サントリーニ島のアシルティコ種などとの混醸に用いられる。
＊）キクラデス諸島、特にナクソス島、サントリーニ島、パロス島で栽培されている。

アシリ種（ATHIRI）
品種の特徴：中位のアルコール強度で、収穫が遅いと酸度は少ない。マイルドな香りをもつ。
収穫期：8月後半。
醸造ワイン：限定地域上級白ワイン「ロドス」「サントリーニ」「プラギエス・メリトン」や多くの地方ワインが生産される。
＊）エーゲ海中央部と南部の原種だが、現在は多くの地方・県で栽培されている。

アシルティコ 種（ASSYRTIKO）
品種の特徴：芳香な地中海ワインに特に強い酸度を与え、そしてアルコール度数は高い。酸化しやすいので醸造には充分な注意が必要。
収穫期：8月後半。
醸造ワイン：サントリーニのアペラション（O.P.A.P.）辛口ワインや甘口ワイン、またテーブルワインが生産される。
＊）ギリシャ品種の中で最も優秀なことで話題になり、環境に強い品種。エーゲ海、特にサントリーニ島からハルキディキ半島と中央ギリシャに広がった。酸度と香りが強く、異なる環境の土地でも特質を保つ品種であるため、この品種はギリシャ全土で新しいぶどう園が作られるときに広く栽培された。

ヴィラナ種（VILANA）
品種の特徴：ほどほどの香りをもち、酸度もよく、アルコール度数の高いワインを造る。
収穫期：9月下旬。
酸化しやすいので醸造には充分注意が必要。
醸造ワイン：イラクリオン、ペザの限定地域上級（O.P.A.P.）ワインが生産される。クレタ島ではこの地方の白ワイン品種を多用して地方ワインが生産されている。
＊）この品種はすでにクレタ島の白ワイン用品種として知られている。現在はクレタ全島で栽培されている。

ギリシャの白品種

ラゴルシ種（LAGORTHI）
品種の特徴：ほどほどの酸度でアルコール度数の高いワインを造る。
収穫期：9月下旬。
醸造ワイン：アルカディアとエヤリアの地方ワインが生産される。
＊）ペロポネソス半島西部のカラヴリタ地方の白品種で、レフカーダ、ザキンソスなどでも栽培されている。

マラグジア種　（MALAGUSIA）
品種の特徴：香りも酸度もほどほどだが、高いアルコール度数のワインを造る。
収穫期：8月下旬。
＊）この白品種はエトロアカルナニア地方原産だが、現在はマケドニア地方、ハルキディキ半島、ギリシャ本土中央部で栽培されている。

モネムヴァシア種　（MONEMVASIA）
品種の特徴：ほどほどの酸度と独特の香りをもち、高いアルコール度数のワインを造りだす。
収穫期：8月中旬から下旬。
醸造ワイン：パロス島の限定地域上級（O.P.A.P.）白辛口ワインと赤辛口ワインが生産され、トラプサナの地方ワインが造られる。
＊）この地方原産の名前の知れた品種だが、現在はほとんど消滅してしまった。しかし、最近小規模農家の努力によって再現された。キクラデス諸島のパロス島、エヴィア島で栽培されている。

マスカット・アレキサンドリア種
(MUSCAT OF ALEXANDRIA)
品種の特徴：良好で適度の酸度で、デリケートで上品なマスカットの香りをもち、アルコール度数の高いワインができる。酸化しやすいので醸造には注意が必要。
収穫期：9月中旬。
醸造ワイン：リムノス島のO.P.E. 有名な甘口ワインと、リムノス島のO.P.A.P. で中辛口、辛口ワインが造られる。
＊）この白品種はおそらくアフリカが原産と思われる。現在この品種は世界で栽培されている。

ギリシャの白品種

ホワイト・マスカット（MUSCAT /PETITS GRAINS）

品種の特徴：最高の甘口ワインとなり、また強い香りで、中程度から良好の酸度をもつ最高の辛口ワインにもなる。ホワイト辛口ワインは酸化しやすいので醸造のときには注意が必要。
収穫期：9月初旬。
醸造ワイン：この種から世界に知られているサモス島のO.P.E.甘口マスカットワインとサモスのテーブルワイン、地方ワインが生産されている。またO.P.E.で、リオのマスカット、ロードスのマスカットが生産される。
＊）これは最も優秀なマスカット・カテゴリーで、ギリシャでは特にサモス島で栽培されている。パトラス、ケファロニア島、クレタ島、テッサリア、マケドニアなどの一部でも栽培されている。

バティキ種（BATIKI）

品種の特徴：アルコール度数と酸度が低く、香りも少ない辛口ワインができる。
収穫期：9月初旬に成熟する。
醸造ワイン：ティルナヴォスの地方ワインが生産されている。
＊）現在オリンポス山の南側ティルナボス、エヴィア島、マケドニア、トラキアなどで栽培されている。

デビナ種（DEBINA）

品種の特徴：ほどほどのアルコール度数と酸度、強い香りをもつ辛口ワインができる。また評判の高い発泡性（スパークリング）ワインも造られる。
収穫期：9月中旬。
醸造ワイン：よく知られている辛口白ワインと発泡性の辛口とやや甘口のジツツァO.P.A.P.ワイン、またイオアンニナの地方ワインが生産されている。
＊）白品種の中で最も評価されている品種の一つ。イピロスのジツツァで栽培されているが、現在ではテッサリア地方全域、アルタでも栽培されている。

ロボラ種（ROBOLA）

品種の特徴：特徴のある香りをもち、ほどほどの酸度でアルコール度数の高い白辛口ワインをつくる。
収穫期：9月上旬。
醸造ワイン：白辛口のケファロニアのロヴォラO.P.A.P.ワインが生産されている。
＊）ダイナミックな白品種の一つで、おもにケファロニア島、ザッキンソス島、レフカダ島、最近ではアタランディでも栽培されている。

ギリシャの白品種

サヴァティアノ種(SAVATIANO)
品種の特徴:酸度とアルコール度数のバランスのよい上級な辛口白ワインができる。
収穫期:9月中旬。
醸造ワイン:有名なアッティカのレツィーナ(伝統的なアペラション)、アンヒアロスのO.P.A.P.ワイン、地方ワイン(ゲラニオン、カリスティノス、パリニス、ペアニアス、リツォナス)そして数えきれないほどのテーブルワインが生産されている。
*)神話によると、ディオニソスがぶどう栽培をアテネ市民に教えたのがこの品種だと推測される。アッティカで最も古い品種の一つで、現在はアッティカ、ヴィオティア、エヴィア島、クレタ島西部、ペロポネソス半島、マケドニアで栽培されている。

ネメア、樹齢50年以上のぶどうの木

ギリシャの白品種（ローズ色/Blanc de Gris）

モスホフィレロ種（MOSCHOFILERO）

品種の特徴：素晴らしい酸度と高いアルコール度数、強い香りをもつ定評のある辛口白ワインをつくる。

収穫期：10月上旬。

醸造ワイン：既によく知られているマンディニア O.P.A.P. ワイン、メシニアとペロポネソスの地方ワイン、そしてテーブルワインが造られている。近年では特に発泡性ワインの印象が強い。

＊）現在、ギリシャ品種は大変人気がある。評価の高いローズ色/Blanc de Gris 品種で最近多くの賞を獲得した。現在主に栽培されているのはアルカディア、有名なマンディニア、そして少ないがメシニア、ラコニアで、またザキンソス島、プレヴェザ、マグニシアの一部、最近ではフロリナ地方でも栽培されている。

ロディティス種（RODITIS）

品種の特徴：山岳地方のロディティスは酸度、アルコール度数、香りのバランスがとれた素晴らしい辛口白ワインを造る。

収穫期：9月中旬。

醸造ワイン：「アンヒアロス」「パトラ」「プラギエス・メリトナ」の名前をもつ辛口 O.P.A.P. ワインが生産されている。また、数多くの地方ワインとテーブルワインが生産されている。

＊）最も古い白品種の一つで、ローズ色でアハイア地方が原産地である。気候によく適応する品種で、現在この品種はギリシャの全土で栽培されている。

シデリティス種（SIDERITIS）

品種の特徴：酸度が強く、アルコール度数は中程度の辛口白ワインができる。

植物：発育が活発で生産性に富んでいる。

収穫期：9月中旬。

醸造ワイン：辛口白のテーブルワインと有名な Fume ワインが生産されている。

＊）このローズ色/Blanc de Gris 品種は主にアハイア、コリンティアで栽培されている。

↓ペロポネソス半島、シデリティス種ぶどう畑

ギリシャの赤品種

アギオルギティコ種（Aghiorgitiko）

品種の特徴：非常にダイナミックな品種で、様々なタイプのワインができる。標高450mまでの地域では素晴らしい甘口ワインができ、標高450-650mの地域でできるものは良好の酸度でアルコール度数が高く、タンニンを含んだ深紅色のワインとなる。標高650m以上の地域では見事な辛口ロゼワインができる。

収穫期：9月中旬から下旬。

醸造ワイン：辛口、中甘口、甘口のアペラション（O.P.A.P.）ワイン「ネメア」の他、多くの地方ワインとテーブルワインが生産されている。

＊）これは既にギリシャの特選赤品種と言えるだろう。古代から知られており、そのため、この品種からできる深紅色のワインはヘラクレスの血と呼ばれる。栽培されているのはコリントス県で、特にネメア・ゾーン、部分的にはアルゴリダ県、アルカディア県、アッティカ県の一部でも栽培されている。

ヴェルザミ種（VERTZAMI）

品種の特徴：強い深紅色のワインができる。また標高の高くない最適な地域で栽培されるヴェルザミ種はアルコール度数が高く、程よい酸度のワインを造りだす。

収穫期：9月中旬。

醸造ワイン：主にテーブルワインが生産されるが、最近はヴェルザミ種100％ワインが造られ、素晴らしい結果を残している。

＊）ギリシャの品種の中で最も豊かな色をもつ品種の一つ。この品種はレフカダで栽培されているが、最近はパトラでも積極的に栽培されるようになった。

コツィファリ種（KOTSIFALI）

品種の特徴：芳香で酸度の弱い、アルコール度数の高い、淡い色のワインを造る。そのためマンディラリア種と混合醸造される。

収穫期：9月上旬。

醸造ワイン：この品種からはアルハネスとペザのO.P.A.P.ワインが生産されているが、マンディラリアとの混合醸造ワインも造られている。

＊）定評あるクレタ島の赤品種の一つ。クレタ島のイラクリオン県で寒さとたたかって栽培されている。

クラサト種（KRASATO）

品種の特徴：酸度も、色も中程度でアルコール度数の高いワインを造るが、タンニンを多く含む。しかし、長持ちしない。

収穫期：9月末。

醸造ワイン：クラサト種と、サヴロト種とクシノマヴロ種を混合ヴィニフィケーションしたものから、ラプサニＯＰＡＰワインを生産している。

＊）テッサリアの赤品種。主にラプサニ地方で栽培されている。

ギリシャの赤品種

リムニオ種（Limnio or Kalambaki）
品種の特徴：相対的に高いアルコール度数で、普通の酸度・タンニン・色は中程度、特に微香のワインを造る。
収穫期：9月中旬。
醸造ワイン：リムノスのO.P.A.P.赤ワイン、O.P.A.P.ワイン「プラギエス・メリト」が生産されている。
＊）アリストテレスが「リムノスのぶどう」と名前を限定して引用している非常に古い赤品種。この品種はリムノス島で今も盛んに栽培されている。現在はリムノス以外ではハルキディキで栽培されている。
また、他の品種と混合醸造して地方ワイン「トラキコス」「イズマリコス」が生産されている。

リャティコ種（LIATIKO）
品種の特徴：アルコール度数が高く、中程度の酸度をもち、香りのよい辛口ワインを造るが、色に弱点がある。また良質の甘口ワインを造る。
収穫期：8月中旬。
醸造ワイン：この品種からシティアのO.P.A.P.赤ワインとダフネスのO.P.A.P.甘口ワインが生産されている。
＊）クレタ島で非常に古くからある赤品種で、今も全島で栽培されている。また部分的にキクラディス諸島とケファロニアでも栽培されている。

マンディラリア種（MANDILARIA）
品種の特徴：豊かな色をもち、中程度の酸度とアルコール度数をもつ辛口ワインを造る。コツィファリ種と混合醸造される。
収穫期：9月下旬。
醸造ワイン：クレタ島では赤ワインが生産されている。それはアルハネスのO.P.A.P.、ペザのO.P.A.P.で、コツィファリ種と混合醸造も行われている。パロス島ではモネンヴァシア種とのパロスO.P.A.P.が、ロドス島では100％ロドスO.P.A.P.が生産されている。
＊）エーゲ海産の品種で、非常に豊かな色をもつ。エーゲ海のほとんどすべての島々で、特にクレタ島で栽培されている。豊かな色をもつため他の地域にも広まり、アッティカ、エヴィア島、ペロポネソス、テッサリア、マケドニア地方でも栽培されている。

マヴロダフニ種（MAVRODAPHNE）
品種の特徴：有名な甘口ワイン「マヴロダフニ」を造る。同様に、良好な色で酸度は普通、アルコール度数の高い辛口ワインも造られる。
収穫期：9月上旬。
醸造ワイン：パトラスのO.P.E.ワイン「マヴロダフニ・パトラス」とケファロニアのO.P.E.ワイン「マヴロダフニ・ケファロニア」が生産されている。
＊）この品種には多くの変種があり、イリア県のアヘア地方、ケファロニア、レフカダなどでよく見られ、ハルキディキ地方の一部にも見られる。この名前は1860年頃ギリシャがオスマン帝国から解放された後に、ババリア人企業家Clauss氏がアハイア地方に住み着き、黒い瞳を持った愛人ダフニに付けたもので、それが保存されている。

ギリシャの赤品種

メセニコラ・ブラック種 (MAVRO MASENIKOLA)
品種の特徴：この品種はカルディツァのメセニコラ地区、テッサリアなどで栽培されている。
植物：発育が活発で、生産性が高い。病気と乾燥に強い。3月末に発芽し、8月末には成熟する。
収穫期：8月末。
醸造ワイン：この品種とシラーズ種、カリニャン種との混合醸造でメセニコラのO.P.A.P.ワインが生産されている。

ネゴシカ種 (NEGOSKA)
品種の特徴：良好な色で、酸度は普通だがアルコール度数の高いワインを造る。
収穫期：9月下旬。
醸造ワイン：クシノマヴロ種を加えたこの品種からグメニッサのO.P.A.P.ワインが生産されている。
*) マケドニアの品種。ナウサからもたらされた品種でグメニッサとナウサで栽培されている。

クシノマヴロ種 (XINOMAVRO)
品種の特徴：ダイナミックな品種として様々な商品となる。全般的にクシノマヴロ種はタンニンを含んだ良好な酸度、色と香りも満足でき、高いアルコール度数の辛口ワインを造る。多くの場合、カベルネ・ソーヴィニヨンよりもタンニンと酸度において粗雑なので、マイルドにする時間が必要となる。
収穫期：9月下旬。
醸造ワイン：アミデオン、グーメニサ、ナウサのO.P.A.P.ワインが生産されている。また、アミデオンのO.P.A.P.発泡性ロゼ辛口ワインが生産される。
*) 黒と酸を意味する種の名。北部ギリシャの品種であることは確かで、ペロポネソスのアギオルギティコ種と共に赤ワイン品種の女王と言える。主にナウサで栽培され、多少だがアギオン・オロスでも栽培されている。

ロメイコ種 (ROMEIKO)
品種の特徴：酸度が低く、淡い色でアルコール度数の高いワインを造る。
収穫期：9月中旬。
醸造ワイン：クレタ島の地方ワインが生産されている。
*) エーゲ海原産の品種。現在はクレタ島とキクラデス諸島で栽培されている。

ギリシャの赤品種

スタヴロト種（STAVROTO）
品種の特徴：中程度のアルコール度数で、酸度と色合いも普通だが、タンニンの多いワインを造る。
収穫期：9月下旬。
醸造ワイン：クラサト種、クシノマヴロ種との混合醸造でラプサニのO.P.A.P.ワインが生産されている。
＊）テッサリア地方の赤品種で、主にラリサ県ラプサニで栽培され、マグニシア、グレヴェナ、コザニなどの一部でも栽培されている。

フォキアノ種（FOKIANO）
品種の特徴：酸度とアルコール度数は普通で、薄い色のワインを造る。
収穫期：9月下旬。
醸造ワイン：テーブルワインとサモス島のロゼワインが生産されている。
＊）小アジア原産の赤品種。現在はサモス島、イカリア島、リムノス島、マケドニアとトラキアで栽培されている。

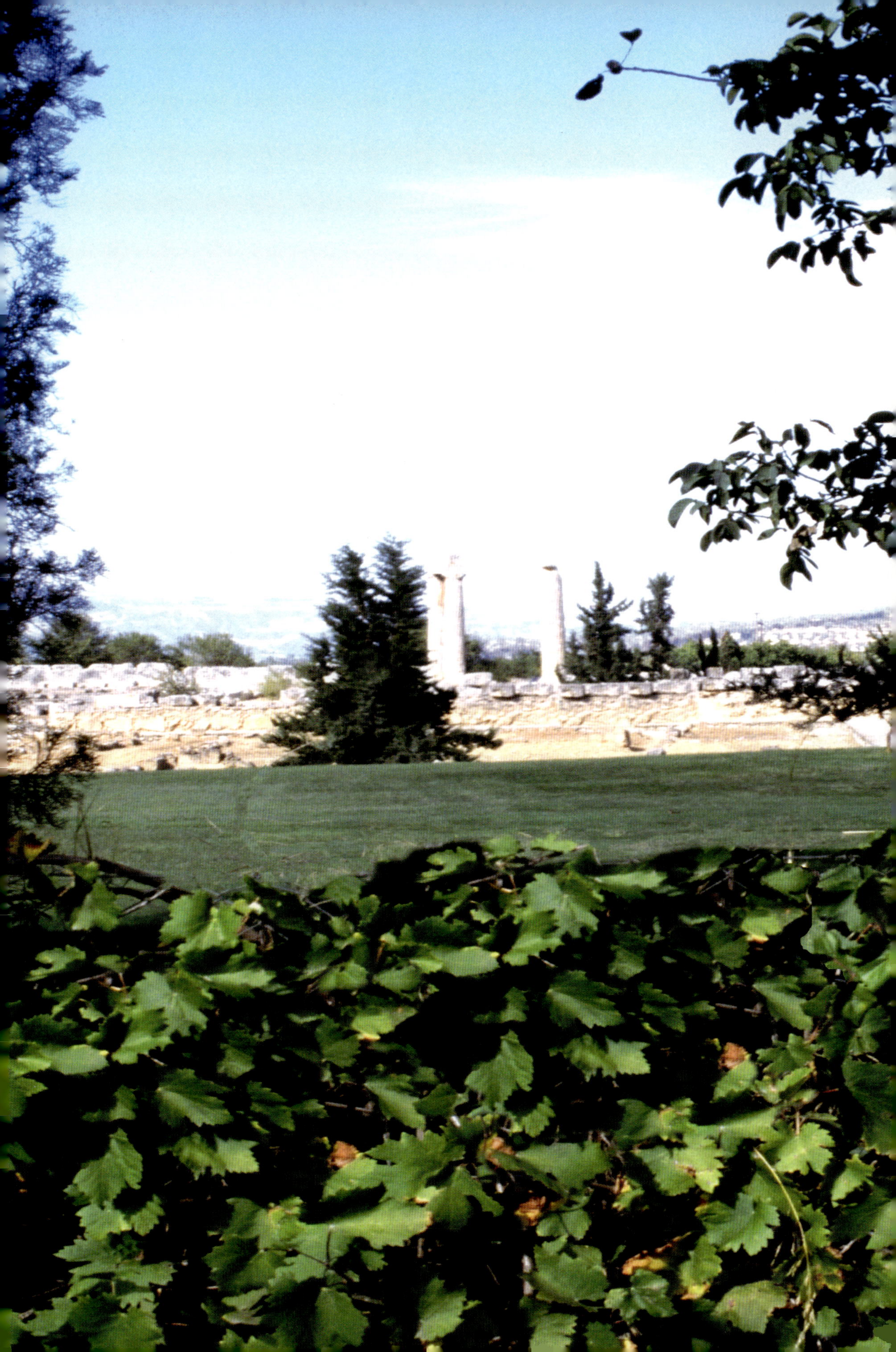

古代から現代までのギリシャ

ギリシャでは全土でワインを生産しています。

第4章
ギリシャワイン法

- ◆ ギリシャワインのラベル
- ◆ 現代ギリシャワインのカテゴリー
- ◆ ギリシャのオパプ(O.P.A.P.)
- ◆ ギリシャのオペ(O.P.E.)
- ◆ ギリシャのヴァン・ド・ペイ
  （トピコス・イノス）
- ◆ ギリシャのテーブルワイン
  （エピトラペジオス・イノス）

ギリシャワイン

法律によりギリシャワインのラベルは3カ国語で表示が出来ます
ギリシャ語、英語、又はフランス語

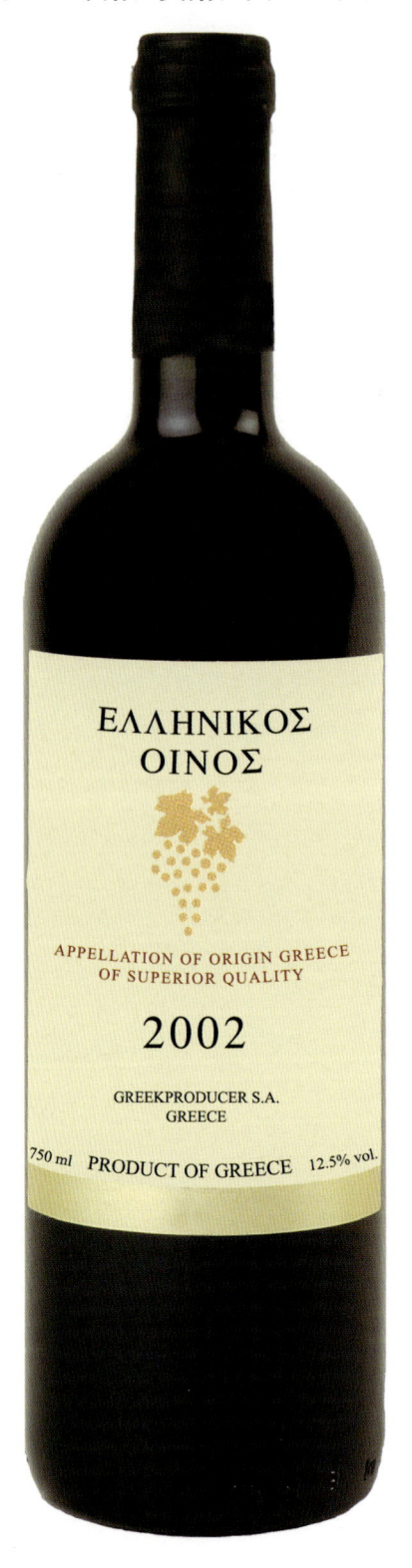

O.P.A.P. ワイン

[GR] ΟΝΟΜΑΣΙΑ ΠΡΟΕΛΕΥΣΗΣ 場所名
ΑΝΩΤΕΡΑΣ ΠΟΙΟΤΗΤΑΣ

APPELLATION OF ORIGIN 場所名
OF SUPERIOR QUALITY
[E] 又は
APPELLATION OF ORIGIN 場所名
OF HIGH QUALITY

[F] APPELLATION D' ORIGINE 場所名
DE QUALITE SUPERIEURE

O.P.E. ワイン

ΟΝΟΜΑΣΙΑ ΠΡΟΕΛΕΥΣΗΣ [GR]
ΕΛΕΓΧΟΜΕΝΗ

APPELLATION OF CONTROLLED ORIGIN [E]

APPELLATION D' ORIGINE CONTROLLE [F]

ラベル表記:
ΕΛΛΗΝΙΚΟΣ ΟΙΝΟΣ
APPELLATION OF ORIGIN GREECE
OF SUPERIOR QUALITY
2002
GREEKPRODUCER S.A.
GREECE
750 ml　PRODUCT OF GREECE　12.5% vol.

現代ギリシャワインのカテゴリー

ギリシャワインは今日EUの規定に則って、分類されています。OPAP、OPEとテーブルワインに大きく分類できます。テーブルワインは更に一般的なものとリージョナル（地域）ワイン又はカントリー（田舎）ワイン、カヴァ（CAVA）とレツィーナに分けられます。

上質ワインに対する消費者トレンドと要望、アペラションワインに関する厳しい法律と規定、又はテーブルワインの限定やヴィンテージ、品種名のより洗練された情報のラベル表示などが影響し、製造者や特に小規模のブティックワイナリーがローカルワイン生産に専念する原因となりました。

オパプ

地区名

或いは
品種名
APPELLATION OF ORIGIN PLACE
OF HIGH QUALITY

製造元
.. ml   Alcohol
PRODUCE OF GREECE

オペ

地区名

或いは
品種名
APPELLATION OF CONTROLED
ORIGIN

製造元
.. ml   Alcohol
PRODUCE OF GREECE

両カテゴリー、その他のデータ
ヴィンテージ、ワインの色、トレードマーク、トロフィーや賞、
販売元、消費者への助言や、その他消費者への情報の補足。

トピコス

場所名

或いは
ぶどう品種
（ヴァン・ド・ペイ）

製造元
.. ml   Alcohol
PRODUCE OF GREECE

レツィーナ

RETSINA
場所名

TRADITIONAL APPELLATION
（伝統的アベラション）

製造元
.. ml   Alcohol
PRODUCE OF GREECE

エピトラゼジオス

ブランド名

製造元
.. ml   Alcohol
PRODUCE OF GREECE

両カテゴリー、その他のデータ
ヴィンテージ（ローカルワインのみ）、ワインの色、トレードマーク、販売元、
トロフィーや賞、消費者への助言や、その他消費者への情報の補足。

ヴィンテージやぶどうの名前は
ラベルに表示できない。

ギ

現代の代表

北西ギリシャ、ジツァ

ペロポネソス半島、古代ネメア

ペロポネソス半島、パトラス、アノ・ジリア

ペロポネソス半島、ネメア、ギムノ

マケドニア
- グメニサ
- アミンデオ
- ナウサ
- ▲ペラ
- ◎テッサロニキ
- エパノミ
- アギオス・パヴロ

イピロス
- ケルキラ島
- ジツァ
- イオアニナ
- メツォヴォ

テッサリア
- ラプサニ
- ティルナヴォス
- ▲メテオラ
- ラリサ
- ヴォロス
- アンヒアロス
- メセニコラ

中央ギリシャ
- ▲デルフィ
- アタランティ
- リツォナ
- テーベ
- ◎A

ペロポネソス半島
- ケファロニア島
- カリガタ
- パトラス
- デメスティハ
- エギオ
- ピルゴス
- カラコホリ
- ▲オリンピア
- トリポリ
- コリントス
- ネメア
- マンティニア
- ナフプリオ
- カラマタ
- スパルタ
- モムヴァシア

イオニア海

- ● 白ワイン
- ● 赤ワイン
- ● ロゼワイン

う生産地域

トラキア
マロニア
アレキサンドロポリ

オン・オロス

ミリナ
リムノス島

東エーゲ海

アンベロン山　サモス島
ピタゴリオ

パロス島

キクラデス　　ドデカネーセ

ロードス島
イア
エピスコピ　　エムボナス
ピルゴス　　　アタヴィロス
サントリーニ島

クレタ島
CRETE

ペザ　　　　クノソス　シティア
ダフネス　アルハネス

北ギリシャ、マケドニア、ナウサ

ハルキディキ半島、プライエスメリトン

ハルキディキ半島、アギオン・オロス

エーゲ海、サントリーニ島

エーゲ海、クレタ島

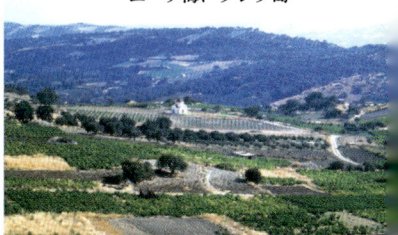

ギリシャのO.Π.A.Π.-オパプワイン

　第二次大戦直後、ギリシャでは新たな投資がなされホメロスのワイン畑に新しい命が吹き込まれました。そして１９７１年にワイン保護のため、農業省より新しい法律が制定されました。１９８１年に農業省の管轄によりＥＵのシステムが導入され、2002年現在では、34のＯ.Ｐ.Ａ.Ｐ.（Ｖ.Ｑ.Ｐ.Ｒ.Ｄ.）と8つのＯ.Ｐ.Ｅ.（Ｖ.Ｌ.Ｑ.Ｐ.Ｒ.Ｄ.）があります（P66参照）。

Ο.Π.Α.Π. - オパプ
Onomasia Proelefsis Anoteras Piotitas (Apellattion of Origin of High Quality)

ギリシャ共和国　　農業省
O.P.A.P. ワインの証明書　　法律番号 243/1969

■ ギリシャのオパプ

「ＥＵのＶ.Ｑ.Ｐ.Ｒ.Ｄ.（Vin de Qualite Produit Region Determinee）(Appellation of Origin of High Quality)」

　<u>Ｏ.Ｐ.Ａ.Ｐ.ワイン</u>　高品質のぶどうを生産できると証明され、厳選された地域のみで製造されたもの。これらの地域はまず農業省より承認され、最終的にはＥＵから認可されます。今日ギリシャでオパプの認可を得た厳選地域の７０％は古代からワイン造りで有名な場所です。新しい地域としては１９６５年頃からのナウッサがあります。
その後はポルト・カラスと、ネメア・アペラションの中甘口等があります。

　Ｏ.Ｐ.Ａ.Ｐワインのうち、白で最低３年、赤で４年熟成を経たものはGrand Reserve、白２年、赤３年の熟成を経たものをReserveと呼びます。

　（＊）また、テーブルワインの熟成タイプは"CAVA"といい、OPAPワインのリザーヴに準じた熟成期間を要したものです。

リザーヴ法			
リザーヴ （Reserve）	白ワイン	2年熟成されたもの （バリックで最長12ヶ月、ボトルで最長12ヶ月）
	赤ワイン	3年熟成されたもの （バリックで最長18ヶ月、ボトルで最長18ヶ月）
グランド・リザーヴ （Grand Reserve）	白ワイン	3年熟成されたもの （バリックで最長18ヶ月、ボトルで最長18ヶ月）
	赤ワイン	4年熟成されたもの （バリックで最長24ヶ月、ボトルで最長24ヶ月）

　上記は近々、内容変更を予定している。最新情報は次のウェブサイトを参照のこと。
http://www.symposio.com/oinos.htm
ギリシャとＥＵの法律により、アペラションワインには一切の砂糖、添加物は禁止されています。

ギリシャのO.Π.E.- オペワイン

法律により、又OPAP及びOPEに分類される為に各生産者は以下に従わなければなりません：
1) 同じ地域のぶどうを所有又は入手している。
2) ワイナリーを同じ地域に所有している。
3) マスト（ワインジュース）が同じ地域で醗酵過程を完了している。

醗酵完了後、ワイナリーは、
1) ワイン貯蔵
2) ワインのボトル詰め
を上記の地域以外で行う事が出来る。

O.Π.E. － オペ

Onomasia Proelefsis Elechomeni (Apellattion of Controlled Origin)

1111568

ギリシャ共和国　農業省
O.P.A.P. ワインの証明書　法律番号 243/1969

■ ギリシャのオペ

「EUの V.L.Q.P.R.D. (Vin de Liqueur Qualite Produit Region Determinee)((Appellation of Controlled Origin) と 同様のカテゴリー」。　O.P.E. ワインは甘口或いはデザートワイン，マスカット(Muscat) 品種 またはマヴロダフニ (Mavrodaphne) 品種から造られるもののみに与えられる。
(＊) 現在 O.P.E. ワインはリキュール・ワインのみです。

● マスカット

ホワイトマスカット種、マスカット・オブ・アレキサンドリア種、トラニ マスカット種のみで造られます。

1a. Vin Doux：
　仕込み後の2日目にヴィニック・アルコールを加えることにより、ブーケまたはアロマを強く残すデザートワイン。現在はサモス島でしか造られていません。

1b. Vin Doux Naturel：
　仕込み後の8-12日目にヴィニック・アルコールを加えることにより、ブーケまたはアロマを強く残すデザートワイン。

1c. Vin Doux Naturel Grand Cru：
　厳選されたぶどうで造られ、発酵中にヴィニック・アルコール(v)を加え甘みをおさえたバランスのとれたデザートワイン。一般的な醸造法。

1d. Vin Naturellement Doux：
　特に厳選された完熟ぶどうを天日に10日ぐらい干して糖度を増し、バヤノス酵母を加え発酵した最高級のデザートワイン。
＊) 有名なのはサモスネクター

● マヴロダフニ・オブ・パトラス 又は
　　マヴロダフニ・オブ・ケファロニア

2a. Vin Doux：
　仕込み後ヴィニック・アルコールを加える。ブーケまたはアロマを強く残すデザートワイン。

2b. Vin Doux Naturel：
　ペロポネソスのパトラスのみで造られています。認可された品種は赤のマヴロダフニ種と黒いコリンシアキ種のみです。ブレンドの最終段階でマヴロダフニ種５１％、コリント・ブラック種４９％の割合が決められています。アルコール度は１５％以上２２％以下。部分的に熟成したものを混ぜる方法は、ソレラに類似します。樽の総容量の１０％以内の年次加算が認められています。

(v)=vinic alcohol ぶどうからとれたアルコール。

ギリシャのO.P.A.P.とO.P.E.

カテゴリー	タイプ	名前或いは地名	品種
ペロポネソス半島－PELOPONNESE			
O.P.A.P	白・辛口	マンティニア	モスホフィレロ種
O.P.A.P	赤・辛口	ネメア	アギオルギティコ種
O.P.A.P	赤・中甘口	－"－	アギオルギティコ種
O.P.A.P	赤・甘口	－"－	アギオルギティコ種
O.P.A.P	白・辛口、やや辛口、やや甘口	パトラス	ロディティス種
O.P.E	赤・甘口（2種類）	マヴロダフニ・パトラス	マヴロダフニ、コリント・ブラック種
O.P.E	白・甘口（4種類）	マスカット・パトラス	ホワイト・マスカット種
O.P.E	白・甘口（4種類）	マスカット・リウ	ホワイト・マスカット種
中央ギリシャ－CENTRAL GREECE			
O.P.A.P	白・辛口	カンザ	サヴァティアノ種
マケドニア、トラキア－MAKEDONIA,THRAKI			
O.P.A.P	ロゼ・辛口、やや辛口、やや甘口	アミンデオ	クシノマヴロ種
O.P.A.P SPARKLING	ロゼ・辛口、ロゼ、やや甘口	アミンデオ	クシノマヴロ種
O.P.A.P	赤・辛口、やや辛口、やや甘口	アミンデオ	クシノマヴロ種
O.P.A.P	赤・辛口	グーメニサ	クシノマヴロ種80％、ネゴシカ種20％
O.P.A.P	赤・辛口、やや辛口、やや甘口	ナウサ	クシノマヴロ種
O.P.A.P	白・辛口	コート・ド・メリトン	アシリ種50％、ロディティス種35％、アッシティコ種15％
O.P.A.P	赤・辛口	コート・ド・メリトン	リムニオ種70％、カベルネ・ソーヴィニヨン種とカベルネ・フラン種30％
テッサリア－THESSALIA			
O.P.A.P	白・辛口、やや辛口、やや甘口	アンヒアロス	ロディティス種50％、サヴァティアノ種50％
O.P.A.P	赤・辛口	メセニコラ	メセニコラ・ブラック種、カリニャン種、シラーズ種
O.P.A.P	赤・辛口	ラプサニ	クシノマヴロ種、クラッサート種、スタヴロト種
イピロス－IPIRUS			
O.P.A.P	白・辛口	ジツァ	デビーナ種
O.P.A.P SPARKLING	白・やや辛口、白・やや甘口	ジツァ	デビーナ種
クレタ島－CRETE ISLAND			
O.P.A.P	赤・辛口	アルハネス	コッチファリ種、マンディラリア種
O.P.A.P	赤・辛口	ダフネス	リャティコ種
O.P.A.P	白・甘口（3種類）	ダフネス	リャティコ種
O.P.A.P	赤・辛口	ペザ	ヴィラナ種80％、マンディラリア種20％
O.P.A.P	赤・辛口	ペザ	コッチファリ種、マンディラリア種
O.P.A.P	白・辛口	シティア	ヴィラナ種70％、トラプサシリ種30％
O.P.A.P	赤・辛口	シティア	リャティコ種
O.P.A.P	白・甘口（3種類）	シティア	リャティコ種
キクラデス－CYCLADES			
O.P.A.P	白・辛口	パロス	モネムヴァシア種
O.P.A.P	赤・辛口	パロス	モネムヴァシア種70％、マンディラリア種30％
O.P.A.P	白・辛口	サントリーニ	アシルティコ種、アシリ種、アイダニ種
O.P.A.P	白・甘口（3種類）	サントリーニ	アシルティコ種、アシリ種、アイダニ種
ドデカネーゼ-DODECANESE			
O.P.A.P	白・辛口、やや辛口、やや甘口	ロードス	アシリ種
O.P.A.P	赤・辛口、やや辛口、やや甘口	ロードス	マンディラリア種
O.P.E.	白・甘口（4種類）	マスカット・ロドス	ホワイト・マスカット種、マスカット・トラニ種
東エーゲ海－EAST A EGEAN ISLAND			
O.P.E.	白・甘口（4種類）	サモス	ホワイト・マスカット種
O.P.E.	白・甘口（4種類）	マスカット・リムノス	マスカット・アレキサンドリア種
O.P.A.P	白・辛口、やや辛口、やや甘口	リムノス	マスカット・アレキサンドリア種
イオニア海－IONIAN ISLAND			
O.P.A.P	白・辛口	ロボラ・ド・ケファロニア	ロボラ種
O.P.E.	赤・甘口	マヴロダフニ・ケファロニア	マヴロダフニ種、コリント・ブラック種
O.P.E.	白・甘口（4種類）	マスカット・ケファロニア	ホワイト・マスカット種

ギリシャワインの O.P.A.P. と O.P.E. 産地

original map published by the Hellenic Export Promotion Organization

主要ぶどう栽培地

◆	北部ギリシャーマケドニア／トラキア	(1～4)
◆	テッサリア	(5, 6)
◆	イピロス	(7)
◆	ペロポネソス半島	(8～13)
◆	中央ギリシャ	(28)
◆	島のワイン	
	◎ イオニア諸島	(14～16)
	◎ クレタ諸島	(17～20)
	◎ キクラデス諸島	(21, 22)
	◎ 東エーゲ海諸島	(23～25)
	◎ ドデカネーゼ諸島	(26, 27)

ペロポネソス半島とクレタ島で全体の半分以上を占める。　ぶどう栽培地はギリシャ全土に細かく分散している。

トピコス・イノス
（ギリシャのヴァン・ド・ペイ）

ギリシャの将来の可能性
世紀を経て証明された地品種

何世紀もの時を経て現在に息づく地元の品種によって、ギリシャワインの将来性は約束されています。

今現在も増え続ける品種のリストは、主に若い世代のイノロジストたちが、ギリシャに現存する３００種余りの国内品種を活性化したことに由来します。

良質でこれからの期待が大きい品種も広範にわたってそれぞれの地域のフレーバーをもっています。殆どが生来の品種から造られています。白のアッティコス、ヴァン・ド・クレタ、エパノミス、その他のトピコスイノスのリストは下記のリスト等は大変素晴らしいものです。

これらはギリシャ品種の潜在的な可能性を示唆しています。

名前	タイプ	ぶどう品種
	ペロポネソスのトピコスイノス	
	（ペロポネソスのヴァン・ド・ペイ）	
アルカディア	白・辛口	最低50-60％モスホフィレロ種、残りは他の地域品種
プライエス エギアリアス	白・辛口	最低60％がラゴルシ種、シャルドネ種、残りは他の地域品種
	ロゼ・辛口	最低60％ヴォリツァ種、残りは他の地域品種
	赤・辛口	最低60％がカベルネ・ソーヴィニヨン種、残りは他の地域品種
クリメンティ	白・辛口	最低50％がシャルドネ種、残りは他の地域品種
	ロゼ・辛口	最低50％がカベルネ・ソーヴィニヨン種、アギオルギティコ種
	赤・辛口	最低60％がアギオルギティコ種、残りはマヴルディ種とカベルネ・ソーヴィニヨン種
コリンシアコス	白・辛口	ロディティス種、サヴァティアノ種
	ロゼ・辛口	ロディティス種、アギオルギティコ種、マヴルディ種
	赤・辛口	最低60％がアギオルギティコ種、残りはマヴルディ種とカベルネ・ソーヴィニヨン種
ラコニコス	白・辛口	アイダニ種、アシリ種、アシルティコ種、ロディティス種、ペトロリアノ種、キドニティス種
	ロゼ・辛口	アギオルギティコ種、マヴルディ種、マンディラリア種、トラプサ種ロディティス種
	赤・辛口	アギオルギティコ種、トラプサ種、マヴルディ種、マンディラリア
レトリノン	赤・辛口	レフォスコ種85％、マヴロダフニ種15％
メシニアコス	白・辛口	最低50％がロディティス種とフィレリ種、残りは他の地域品種
	赤・辛口	アギオルギティコ種、トラプサ種、マヴルディ種、マンディラリア
モネンヴァシア	白・辛口	アイダニ種、アシリ種、アシルティコ種、ロディティス種、ペトロリアノ種、モネンヴァシア種、キドニティス種、フィレリ種
	赤・辛口	アギオルギティコ種、トラプサ種、マヴルディ種、マンディラリア
ピサディドス	白・辛口	ロディティス種、フィレリ種、ソーヴィニヨン・ブラン種、シャルドネ種
ピリアス	白・辛口	最低30％がユニ・ブラン種、残りはロディティス種、シャルドネ種
ペロポネソス	白・辛口	この地域で生産された全てのぶどうから
	ロゼ・辛口	
	赤・辛口	
プライエス ペトロトウ	赤・辛口	最低60％がマヴロダフニ種、残りはカベルネ・ソーヴィニヨン種
テゲアス	赤・辛口	カベルネ・ソーヴィニヨン種、カルベネ・フラン種、メルロー種
トリフィリアス		最低30％がユニ・ブラン種、残りはフィレリ種
	赤・辛口	カベルネ・ソーヴィニヨン種、カルベネ・フラン種、メルロー種グルナッシュ種

テッサリアのトピコスイノス
(テッサリアのヴァン・ド・ペイ)

名前	タイプ	ぶどう品種
テッサリコス	赤白・辛口 赤白・やや辛口 赤白・やや甘口	この地域で生産された全てのぶどうから
クラニャス	白・辛口	シャルドネ
	赤・辛口	カベルネ・ソーヴィニヨン種、メルロー種
	白・辛口	ロディティス種60％、バティキ種60％
ティルナヴス	赤・辛口	最低カベルネ・ソーヴィニヨン種60％

イピロスのトピコスイノス
(イピロスのヴァン・ド・ペイ)

名前	タイプ	ぶどう品種
イオアニア	白・辛口 白・やや辛口	最低60％がデビナ種、残りは他の地域品種
	白・辛口 sparkling semi-sparkling	
	ロゼ・辛口、やや辛口	最低50％がヴラヒコとベカリ種、残りは他の地域品種
	ロゼ・辛口、やや辛口 semi-sparkling	
	赤・辛口	最低40％がカベルネ・ソーヴィニヨン種、残りは他の地域品種
イピロス	白・辛口、やや辛口、やや甘口	この地域で生産された全てのぶどうから
	白・辛口、やや辛口、やや甘口	
メツォヴォ	赤・辛口	最低60％がカベルネ・ソーヴィニヨン種、残りは他の地域品種

トラキアのトピコスイノス
(トラキアのヴァン・ド・ペイ)

名前	タイプ	ぶどう品種
アヴディロン	白・辛口 白・やや辛口、やや甘口	ロディティス種とズミャティス種は50％、残りはその他のあらゆる品種
	ロゼ・やや辛口、やや甘口 赤・辛口	ロディティス種とパラミディ種は50％、残りはその他のあらゆる品種
	赤・やや辛口、やや甘口	パラミディ種は50％、残りはその他のあらゆる品種
イスマリコス	白・辛口、やや辛口、やや甘口	ロディティス種とズミャティス種は50％、残りはその他のあらゆる品種
	ロゼ・辛口、やや辛口、やや甘口	ロディティス種とグルナッシュ種は50％、残りはその他のあらゆる品種
	赤・辛口、やや辛口、やや甘口	リムニオ種とグルナッシュ種は50％、残りはその他のあらゆる品種
トラキア	白・辛口、やや辛口、やや甘口	この地域で生産された全てのぶどうから
	ロゼ・辛口、やや辛口、やや甘口	
	赤・辛口、やや辛口、やや甘口	

ギリシャワインの分類

名前	タイプ	ぶどう品種
アタランティ ATALANTI	白・辛口	最低50%シャルドネ種とソーヴィニヨン・ブラン種、残りは他の地域品種。
	赤・辛口	最低50%メルロー種とカベルネ・ソーヴィニヨン種、残りは他の地域品種。
アッティコス ATTIKOS	白・辛口、 白・やや辛口	サヴァティアノ種、アシリ種、アシルティコ種、ロディティス種。
	赤・辛口	カベルネ・ソーヴィニヨン種と残りは他の地域品種。
アナヴィソス ANAVISSOS	白・辛口	サヴァティアノ種、アシルティコ種、ロディティス種、ウニバラン種。
アブリドス AVLIDOS	白・辛口	最低90%がサヴァティアノ種、残りはロディティス種と他の地域品種。
イリオン ILION	白・辛口	最低50%がロディティス種とサヴァティアノ種、残りは他の地域品種。
オプンティア ロクリス OPUNTIA LOCRIS	白・辛口	最低60%がロボラ種、残りは他アシリ種、アシルティコ種、シャルドネ種、ソーヴィニヨン・ブラン種。
	赤・辛口	最低60%がカベルネ・ソーヴィニヨン種、残りは他メルロー種、シラーズ種、リムニオ種、クシノマヴロ種。
キセロ （KITHERON）	白・辛口 やや辛口 やや甘口	サヴァティアノ種、ロディティス種、アシルティコ種、アシリ種、シャルドネ種、ソーヴィニヨン・ブラン種。
	ロゼ・辛口 やや辛口 やや甘口	ロディティス種、グルナッシュ種、シラーズ種、メルロー種、カリニャン種、カベルネ・ソーヴィニヨン種。
	赤・辛口 やや辛口 やや甘口	グルナッシュ種、シラーズ種、メルロー種、カリニャン種、カベルネ・ソーヴィニヨン種。
クニミドス KNIMIDOS	白・辛口	最低50%がアシルティコ種、残りは他の地域品種。
	赤・辛口	最低50%がシラーズ種、残りは他の地域品種。
ゲラニオン （ゲラニア） GERANION	白・辛口	サヴァティアノ種、ロディティス種、アシルティコ種、シャルドネ種、ソーヴィニヨン・ブラン種。
	ロゼ・辛口	ドロディティス種、アギオルギティコ種、グルナッシュ種、カリニャン種。
	赤・辛口	アギオルギティコ種、シラーズ種、メルロー種、グルナッシュ種、カリニャン種。
コロピー KOROPI	白・辛口	最低80%がサヴァティアノ種、残りは他の地域品種。
スパタ SPATA	白・辛口	最低80%がサヴァティアノ種、残りは他の地域品種。
中央ギリシャ （ステレア・エラダ） STEREA ELLADA	白・辛口	この地域で生産された全てのぶどうから。
	ロゼ・辛口	
	赤・辛口	
テーベ THEBES	白・辛口 やや辛口 やや甘口	サヴァティアノ種、ロディティス種、アシルティコ種、アシリ種、シャルドネ種、ソーヴィニヨン・ブラン種。
	ロゼ・辛口 やや辛口	ロディティス種、グルナッシュ種、シラーズ種、メルロー種、カリニャン種、カベルネ・ソーヴィニヨン種、カベルネ・フラン、アギオルギティコ種。
	赤・辛口 やや辛口 やや甘口	グルナッシュ種、シラーズ種、メルロー種、カリニャン種、カベルネ・ソーヴィニヨン種、カベルネ・フラン種、アギオルギティコ種。
パリニ PALLINI	白・辛口	サヴァティアノ種、ロディティス種、アシルティコ種、ソーヴィニヨン・ブラン種。
パルニサ PARNITHA	白・辛口 やや辛口 やや甘口	サヴァティアノ種、ロディティス種、アシルティコ種、アシリ種、ソーヴィニヨン・ブラン種、シャルドネ種。
	ロゼ・辛口 やや辛口 やや甘口	シラーズ種、カリニャン種、グルナッシュ種、カベルネ・ソーヴィニヨン種、メルロー種、アギオルギティコ種、ロディティス種。
	赤・辛口 やや辛口 やや甘口	シラーズ種、カリニャン種、グルナッシュ種、カベルネ・ソーヴィニヨン種、メルロー種、アギオルギティコ種。
	白・辛口	この地域で生産された全てのぶどうから。
	ロゼ・辛口	
	赤・辛口	
ペアニア PEANIA	赤・辛口	サヴァティアノ種80%、アシルティコ種20%。
ペンテリ北川山 PENTELI NORTH SLOPES	白・辛口	最低80%シャルドネ種、残りは他の地域品種。
マルコポウロ MARKOPOULO	白・辛口	最低80%サヴァティアノ種、残りは他の地域品種。
ヴィリツァ VILITSA	赤・辛口	カベルネ・ソーヴィニヨン種。

名前	タイプ	ぶどう品種
マケドニアのトピコスイノス（マケドニアのヴァン・ド・ペイ）		
アギオリティコス AGIORITIKO	白・辛口、 やや辛口	アシリ種、ロディティス種、アシルティコ種、ズミャティコ種、ユニ・ブラン種、シャルドネ種、ソーヴィニヨン・ブラン種。
	ロゼ・辛口、 やや辛口	リムニオ種、ロディティス種、クシノマヴロ種、グルナッシュ種、シラーズ種、カベルネ・ソーヴィニヨン種。
	赤・辛口、 やや辛口	リムニオ種、クシノマヴロ種、カベルネ・ソーヴィニヨン種、カベルネ・フラン種、シラーズ種。
アゴリャノス AGORIANOS	白・辛口	最低55％がユニ・ブラン種、残りは他の地域品種。
	赤・辛口	最低55％がメルロー種、残りは他の地域品種。
アンドリアニス ANDRIANIS	白・辛口	最低40％がメルロー種、10％アシルティコ種、残りは他の地域品種。
	赤・辛口	最低40％がメルロー種、10％シラーズ種、残りは他の地域品種。
イマシアス IMATHIAS	白・辛口	クシノマヴロ種、ロディティス種、プリクナディ種。
	赤・辛口	最低60％がクシノマヴロ種、残りは他の地域品種。
エパノミス EPANOMIS	白・辛口	マラグジア種、アシルティコ種、ソーヴィニヨン・ブラン種、シャルドネ種
	赤・辛口	シラーズ種、メルロー種、グルナッシュ種。
グレヴェノン GREVENON	白・辛口、 やや辛口、 やや甘口	最低60％がロボラ種、残りは他アシリ種、アシルティコ種、シャルドネ種、ソーヴィニヨン・ブラン種、
	赤・辛口、 やや辛口、 やや甘口	最低60％がカベルネ・ソーヴィニヨン種、残りは他メルロー種、シラーズ種、リムニオ種、クシノマヴロ種。
シトニアス SITHONIAS	白・辛口	最低60％がマラグジア種、残りは他の地域品種。
	赤・辛口	最低60％がシラーズ種、残りは他の地域品種。
セレス SERRES	白・辛口	最低50％がズミャティコ種、残りは他の地域品種。
シャティスタ SIATISTTA	ロゼ・辛口	クシノマヴロ種。
	赤・辛口	最低80％がクシノマヴロ種、残りは他の地域品種。
ドラマ DRAMA	白・辛口	最低40％がソーヴィニヨン・ブラン種、15％がセミリオン種、残りは他の地域品種。
	ロゼ・辛口	最低55％がカベルネ・ソーヴィニヨン種、残りは他の地域品種。
	赤・辛口	最低40％がカベルネ・ソーヴィニヨン種、10％がメルロー種、残りは他の地域品種。
ハルキディキ HALKIDIKI	白・辛口 やや辛口 やや甘口	ロディティス種、アシルティコ種、アシリ種、マラグジア種、ユニ・ブラン種、ソーヴィニヨン・ブラン種、マスカット・アレキサンドリア種。
	ロゼ・辛口 やや辛口 やや甘口	クシノマヴロ種、ロディティス種、グルナッシュ種、シラーズ種、カベルネ・ソーヴィニヨン種。
	赤・辛口 やや辛口 やや甘口	カベルネ・ソーヴィニヨン種、クシノマヴロ種、メルロー種、シラーズ種、グルナッシュ種、リムニオ種。
パゲオン PANGEON	白・辛口	最低35％がロディティス種、最低10％がアシルティコ種、最低10％がユニ・ブラン種、残りは他の地域品種。
	ロゼ・辛口	最低50％がカベルネ・ソーヴィニヨン種、10％がリムニオ種、残りは他の地域品種。
	赤・辛口	最低50％がカベルネ・ソーヴィニヨン種、10％がリムニオ種、残りは他の地域品種。
フロリナ FLORINA	白・辛口	シャルドネ種、ソーヴィニヨン・ブラン種、トラミナー種、ロディティス種、クシノマヴロ種。
ペラ PELLA	白・辛口	最低70％ロディティス種、残りは、ソーヴィニヨン・ブラン種、シャルドネ種、ユニ・ブラン種。
	ロゼ・辛口	最低60％クシノマヴロ種、残りは、メルロー種。
	赤・辛口	最低60％クシノマヴロ種、残りは、メルロー種。
マケドニコス MAKEDONIKOS	白・辛口 やや辛口 やや甘口	この地域で生産された全てのぶどうから。
	ロゼ・辛口 やや辛口 やや甘口	
	赤・辛口 やや辛口 やや甘口	
メシンヴリア MESIMVRIA	白・辛口 やや・辛口	最低25％ズミャティコ種、残りはロディティス種。
ヴェルヴェンドウ VELVENTOU	白・辛口	バティキ種、ロディティス種、シャルドネ種。
	ロゼ・辛口	クシノマヴロ種、モスホマヴロ種。
	赤・辛口	クシノマヴロ種、モスホマヴロ種、カベルネ・ソーヴィニヨン種、メルロー種。
ヴェルティスク BERTISKOU	白・辛口	クシノマヴロ種、アシリ種、アシルティコ種。

エピトラペジオス・イノス
（ギリシャのテーブル ワイン）

1. 一般テーブルワイン

　ギリシャでは他のヨーロッパの国々と違って、"テーブルワイン"または、"オウン（自己）ラベル"を称するワインが商業的にも大変成功しています。ギリシャのようにワイン造りの伝統が長い国では、"自己ラベル"のワインは、ワイン製造のスペシャリストの熟練した技と、多種類の葡萄を使って独自の特別なワインを造りだすという喜びが結集された成果です。

　ギリシャではEUの中で唯一、"カヴァ"という年代物のテーブルワインを示す総称を用いています。良質でブランドものも多数あり"アペリア"等は大変上質です。また、アペラションに束縛されず、自由に畑やセラーで研究開発を試みたり、俗にいう背教者のブティックワイナリーで造られるものもあります。

2. カヴァ

　テーブルワインの年代物。ギリシャのレストランでは大変人気があり、カヴァワインは全て良質です。この総称は、ある一定の温度と湿度の環境の中で熟成したテーブルワインを示すものです。最低熟成年数は白で2年、赤は3年です。

　カヴァの称号は生産量の少ないワインの質の向上を図り、ワイン製造者にその技を存分に駆使し、熟成に達した"自己ラベル"を生みだす機会を与えました。

ギリシャのカヴァワイン	
カヴァ（白）	セラーで2年間、または、樽で寝かせたものもあります。
カヴァ（赤）	セラーで最低3年間寝かせたもの。ラベルに熟成期間の開始年と、瓶詰めされた年の表記を義務づけています。新しい樽を使用した場合、最低6ヶ月間、古い樽では最低1年間を寝かせたもの。

3. レツィーナ （伝統的アペラション）
（このカテゴリーは世界中でギリシャのみ）

　この伝統的名称はギリシャ特有の特別な種類の主に白、希にロゼのテーブルワインを総称し、他のEU国では製造を許されていません。

　レツィーナは白ワインと全く同じ製造過程を経ます。独特な風味はブドウ液に加えられた松脂によりますが、これは濾過作業の後で取り除かれます。

　現在では レツィーナはEUでギリシャの独占生産物と称されています。アレッポ（松木類）レジンの量は法で規制されていて、1ヘクトリットルにつき1,000グラムしか添加できません。つまり出来の悪いワインを造る余裕などないのです。

　レツィーナは香りも高く人気があり、アルコール度の低い白ワインということができます。

ユニークなギリシャのワイン；それは歴史上もっとも古いワインタイプの一つ。

第5章
ギリシャワインの
データ

- ◆ ギリシャの生産数値
- ◆ ギリシャのぶどう畑のデータ
- ◆ ぶどう栽培
- ◆ ギリシャワインの生産
- ◆ 各家庭のワインの生産
- ◆ オーガニック農業
- ◆ ギリシャ・ワインの輸出のデータ

ワインは今日再び、ギリシャ経済で重要な役割を果たし、
ワインとオリーブオイルの生産は何千年もの伝統を継承しています。

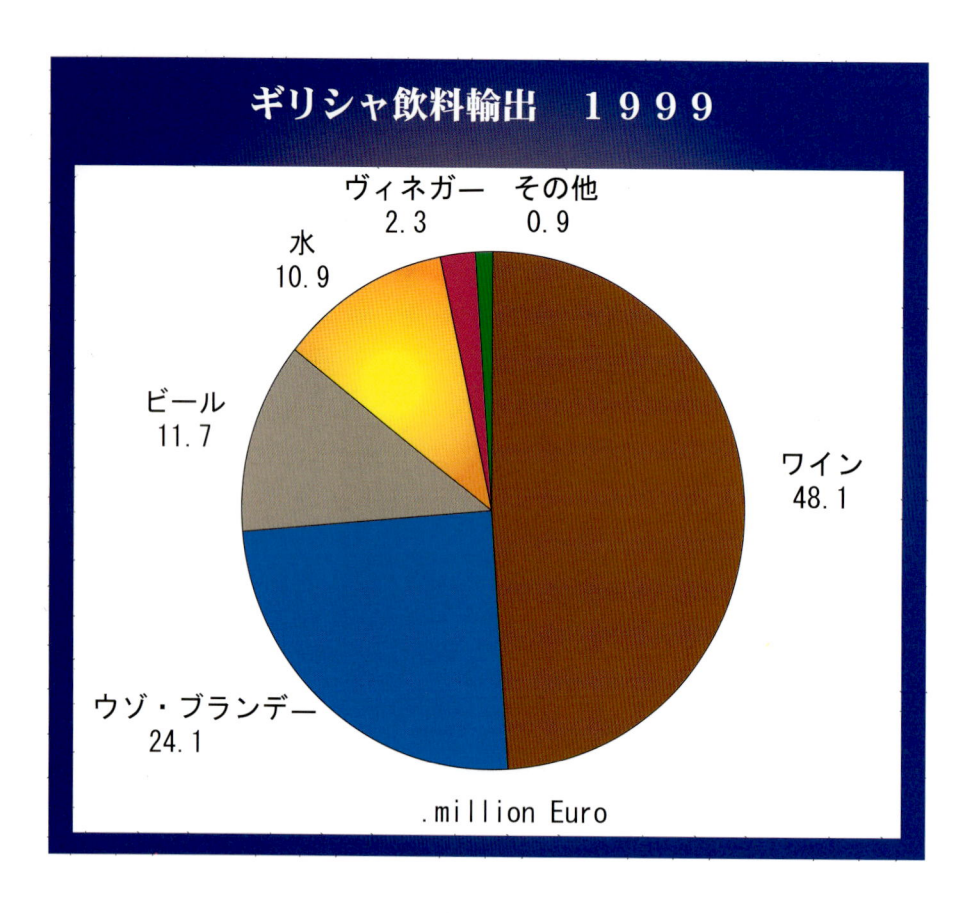

ギリシャ飲料輸出　１９９９

- ワイン 48.1
- ウゾ・ブランデー 24.1
- ビール 11.7
- 水 10.9
- ヴィネガー 2.3
- その他 0.9

.million Euro

WINE PRODUCTION カテゴリー (HL)				
	O.P.AP./O.P.E.	トピコス	テーブルワイン	合計
1999-2000	337,330	689,454	1,341,057	**2,367,841**
	14.25%	29.12%	56.64%	**100%**
1998-1999	357,598	410,296	1,713,818	**2,481,712**
	14.41%	16.53%	69.06%	**100%**
1997-1998	342,393	508,559	1,532,169	**2,383,122**
	14.37%	21.34%	64.29%	**100%**

ギリシャの生産数値

　世界のどのような国にもない貴重な文化遺産を持っているにもかかわらず、ギリシャ・ワインの生産は戦争による領土減少などで現在はヨーロッパワイン生産量の2.66％です。2000年ギリシャぶどう生産者のワイン生産量はヨーロッパ生産量の17,102,100キロリットルに対して355,100キロリットルでした。また、2001年は354,554キロリットルに達するだろうと予想されていますが、これに国内消費の100,000キロリットルはカウントされていません。

　すでに古代において名高かった当時のギリシャ・ワインは、ワイン産地名を記した栓で密閉されたアンフォラに入れられて旅をしました。現在タソスの博物館には紀元前4世紀のアンフォラの栓が保存されています。このような生産地を保証する栓は義務付けられていませんでしたが、アンフォラの中に入っていたワインの品質の保証にもなりました。

　現在ギリシャで生産されるワインの大半は「テーブル・ワイン」と特徴づけられていますが、年間生産量の約16％は「原産地ブランド名」(O.P.E)と「高級品質生産名」(O.P.A.P.)となっています。

　1980年以降、特に近年はギリシャの醸造発展と共に「クティマ」という小さな醸造企業がギリシャ産ワインの品質改善に多大な貢献をしました。この企業の発展に伴ってテーブル・ワインの地酒ワイン（トピコス）(vin de pay)が評価を受けました。この結果、新たな生産者たちは、国内市場だけでなく国外市場でも多くの場合、ギリシャ・ワイン振興の妨げや遅延となっていた官僚主義的な手続きを回避できたのです。

　ギリシャ・ワイン生産量の84％を占めるテーブル・ワインのカテゴリーには高級品質の白と赤ワインがあります。これらの大半は「地酒ワイン」と特徴づけられ、生産者はワインラベルに産地名を記すことが可能です。近年のギリシャ・ワイン醸造における「品質革命」でギリシャ・ワインの品質は劇的な向上をとげ、同時に広範にわたる法整備が断行され、テーブル・ワインの多くが「地酒ワイン」としてレベルアップされました。こうして、テーブル・白ワインの約12％、テーブル・赤ワインの約18％が「地酒ワイン」として流通しています。

　「原産地ブランド名」(O.P.E)と「高級品質生産名」(O.P.A.P.)は、他のワインと比較して品質的に優れている必要はなく、法律が定める一定条件と工程のもとで地酒が生産されていることを消費者に保証するものです。一つの例として、テーブル・ワインのカテゴリーで「CAVA」名のワインが売れました。これは生産者が良質ワインを造り出すために力を注いだからで、同じようなことが古代ギリシャにもあり、当時は生産者が特別な加工の名前をワインに付けていました。

　今日でも同じように、それぞれのワインの最終的な品質は、ワインの保存、ビン詰め、輸送、そして最後に消費者に渡るまでの保管という技術面以前のぶどう園から始まり、すべての耕作段階を経て醸造に至るまで数多くの要素で決まります。最終的な結果としてワイン生産者一人一人の個性があらわれるのです。ワインが生産されるまでに通過するこれらの局面はすべて有機体であって品質に影響します。ですから、それぞれの生産手法が正確で、それぞれの地域とぶどう品種の特色が守られるなら、生産される場所の特色が品質的な特徴に反映され、全体としてワインの品質に反映されるのです。

　ここ25年間ギリシャ・ワインの総生産量は、1990年に25年間で最少であった276,600キロリットルから1981年に記録した最大の生産量500,000キロリットルの間となっています。最近のギリシャ・ワインの年間総生産量は320,000から370,000キロリットルで推移していますが、この中には国内用ワインとして変動の少ない約100,000キロリットルは含まれていません。赤ワインの段階的で安定した消費上昇傾向が見られますが、赤ワインの生産はギリシャ総生産量の30～33％で推移しています。一方、白ワインはギリシャでは総生産量の約70％を占めています。

　皆さんもギリシャのぶどうがもたらす豊かな味覚のギリシャ・ワインをどうぞセレクトしてください。そしてディオニソスぶどう畑の結実を楽しんでください。それは何千年にも渡ってギリシャや世界中の人々によって、愛され続けてきたすばらしいワインです。

ギリシャのぶどう畑

ギリシャのぶどう栽培地はギリシャ全土に細かく分散しています。北部、南部、西部、東部、それぞれ気候は異なりますが全体的には安定した気候といえます。北部では雨が多く、南部では日照時間が長いが多くのぶどう畑は海に近いので全体としての気温は下がり、多くは標高の高い所で栽培され、過剰な日照から守られています。

ギリシャのぶどう畑 - ワイン生産
栽培面積（ha）と生産量（hl）

ギリシャワイン 畑(Ha)ワインの生産(Hl)					
1961 - 1987			1988 - 2000		
年	Ha	量(HL)	年	Ha	量(HL)
1961	133,825	3,630,224	1980	101,300	5,395,000
1962	132,349	3,840,636	1981	95,557	5,500,000
1963	131,789	2,780,803	1982	94,222	4,500,000
1964	131,009	3,700,887	1983	90,239	4,734,000
1965	129,210	3,810,584	1984	89,241	5,025,000
1966	127,305	3,790,399	1985	87,590	4,538,000
1967	125,760	4,110,678	1986	86,277	4,342,000
1968	125,760	3,430,465	1987	85,099	4,475,000
1969	125,760	4,660,952	1988	84,334	4,345,359
1970	122,195	4,480,097	1989	83,244	4,532,009
1971	122,195	4,500,000	1990	81,745	3,526,000
1972	122,195	4,770,345	1991	77,978	4,015,994
1973	119,500	4,270,000	1992	77,441	4,050,000
1974	101,100	4,880,000	1993	76,463	3,392,450
1975	109,300	4,577,000	1994	73,925	3,051,285
1976	109,200	5,407,000	1995	72,737	3,850,000
1977	107,800	5,183,000	1996	70,799	4,109,000
1978	106,900	5,605,000	1997	69,847	3,987,000
1979	104,700	5,243,000	1998	69,772	3,823,000

source: ministry of Agriculture

ぶどう栽培

　８０年代のギリシャにおける観光産業の発展にともない、多くの人々が農業からサービス業に転職する一方で、ＥＵは下火になっていたギリシャのぶどう製造を活性化し、根付かせようとしました。今日では生産量も安定し、アテネ等の根こそぎ状態になっていた地域は、クレタ島やペロポネソス半島、そして北ギリシャ出身の、地元の品種を用いた進出目覚しいダイナミックな中小規模のワインメーカーに取って代わりました。

　下火になった８０年代のトレンドはクルタキス社、チャンタリス社、ブタリス社などの大手のワイン業者の積極的な投資によって活性化されました。これらの製造者たちは新しいテクノロジーを取り入れ、古代からのぶどう畑を再生し、国際市場に進出していきました。このほかにも新進の若く、ダイナミックで革新的なワイン製造者が積極的に国際市場での経験と知識を高め、新しいアイデアと製品を開発し、ほとんど絶滅しかけたアシルティコ種、マラグシア種、ロディティス種、サヴァティアノ種、シデリティス種、などの品種を見事に蘇らせました。これらの努力が実り、ギリシャを再び国際市場の軌道に乗せることができたのです。

ワイン製造

　近年はさまざまな状況の中で、ワイン製造も安定してきました。1980～1990年の世界的なウイスキーブームはギリシャにも影響を及ぼしました。しかし近年、人々の関心はワインに向いています。最近のヤッピーのトレンドはブドウ液を買って、自分でワイン造りにチャレンジすることです。また、ボトルワインの人気が上昇していることの主な理由は、大手のスーパーなどがワインセラーを改良し、より良い環境のもとでワインを販売するようになったためです。

ギリシャワイン生産量 (hl)			
1999 － 2000			
	赤	白	合計
OPAP	165,214	172,116	337,330
トピコス	87,873	601,581	689,454
エピトラペジオス	359,109	981,948	1,341,057
合計	**612,196**	**1,755,645**	**2,367,841**
1998 － 1999			
OPAP	156,536	201,062	357,598
トピコス	73,513	336,783	410,296
エピトラペジオス	393,309	1,320,509	1,713,818
合計	**623,358**	**1,858,354**	**2,481,712**
1997 － 1998			
OPAP	151,929	190,646	342,393
トピコス	65,065	443,494	508,559
エピトラペジオス	348,148	1,184,170	1,532,170
合計	**565,142**	**1,818,310**	**2,383,122**

source: Ministry of Agriculture

ギリシャワインの生産

ギリシャワイン生産量 (hl)				
1999 － 2000				
民間企業			1,769,981	
協同組合			597,860	
自家用			1,312,159	
合計			3,680,000	
1999 － 2000				
	民間企業	協同組合	自家用	合計
白－OPAP	84,170	87,946	-	172,116
白－トピコス（ヴァン・ド・ペイ）	147,681	453,900	-	601,581
白－エピトラペジオス（テーブルワイン）	731,098	250,850	-	981,948
赤－OPAP	117,982	47,232	-	165,214
赤－トピコス（ヴァン・ド・ペイ）	69,156	18,717	-	87,873
赤－エピトラペジオス（テーブルワイン）	273,749	85,360	-	359,109
合計	1,423,836	944,005	1,312,159	3,680,000

source: Ministry of Agriculture

ギリシャでは各家庭で
ワインを造ることができる

　ギリシャでは古代から受け継いだ伝統と、気候条件のお陰で、ワイン製造業者だけでなく、一般市民もワイン造りを楽しむ事ができます。ぶどう栽培の完璧な条件が揃っていた。ギリシャではいつの時代でも、ワインは人々に愛され、殆ど全ての家庭でぶどうは栽培されていました。現在も多くの家庭で極めて少量ながら自家製ワインを造っています。ぶどうは乾燥して痩せた土地でも栽培が可能だったので、ギリシャ全土に素早く広がりました。しかし、現在では地方でも年々減少し、ぶどう栽培地自体も少なくなりました。特に山岳地帯では地元住民が不毛な土地を捨て大都会に移った結果、減少が顕著です。

ギリシャワイン生産量 (hl)

年	会社	自家用	合計
1999/2000	2,367,841	1,312,159	3,680,000
1998/99	2,481,712	1,314,540	3,796,252
1997/98	2,383,122	1,556,627	3,939,749
1996/97	2,702,607	1,406,593	4,109,200
1995/96	1,938,806	1,911,194	3,850,000
1994/95	2,101,289	950,000	3,051,285
1993/94	2,092,450	1,300,000	3,392,450
1992/93	2,681,472	1,368,528	4,050,000
1991/92	2,974,812	1,041,182	4,015,994
1990/91	2,657,833	868,167	3,526,000
1989/90	3,141,889	1,390,000	4,531,889
1988/89	3,345,349	1,000,000	4,354,349

source: Ministry of Agriculture

1969年から使用されている
古いバレル、
マヴロダフニワイン専用に使われた

オーガニック農業、オーガニックぶどう栽培

今日ギリシャでのオーガニック農業は耕作地面積の1％ですが、急速な発展を見せています。これはギリシャの消費者が、他のヨーロッパの人々と同様に、遺伝子組み替え食品が強い不安を引き起こしているため、オーガニック作物を食料品の不安防護策と見なしていることにあります。

しかし、農業国としての性格が強いギリシャにとってオーガニック農業は、更に関心に値する別の特質があります。つまり、多大なオーガニック資産を保持し、それを発展させていることです。農家の事業を支援する国家・地域の助成金で意義ある投資の機会と解決策を与え、農業あるいは畜産業分野において発展の遅れた地域を支援しています。しかし、ギリシャは環境保全活動を進めることができたはずなのに、環境強化策（地域規定1257／99）12のうち2つしか実施されておらず基金の0,6％しか吸収していません。

オーガニック農業の枠内で地域規定2092／1991は農産物生産のオーガニック手法と、農産物及び食料品の関連表示マークを規制しています。この基本規定は現在に至るまで38箇所の修正が行われましたが、ワインを含む多くの農産物加工製品にかかわる重要な空白があります。つまり、重要な法的空白を作り出すことで、加工食品であるワインは法的にカバーされていないのです。このようにして、市場には国家・地域法律でぶどう畑栽培に関する部分を運用して多くのビン詰ワインが、「オーガニック栽培ぶどうを使用」のマークで流通しています。

農業省はバイオ物産部署をもち、また農産物検査証明組織（P.P.E.G.E.P.）を従えている監督官庁です。この監督枠の中で民間に原産地の検査証明組織を次の3箇所に設け、

1. D.I.O.（バイオ産物検査証明機構）
2. ギリシャ農業エコロジー協会
3. フィシオロギキ株式会社

オーガニック栽培証明書を発行することを認めています。最近、D.I.O. はオーガニック醸造の自己モデルを発行しましたが、それは醸造関係団体の代表者たちと検討する意図をもっており、この機構の参加者に「D.I.O. モデルによる醸造」マークのワインラベルを貼るチャンスを与えて、このモデルを定着化させるためです。

しかし、オーガニック栽培ぶどうから造れるワインはすべて高品質でなければなりません。このテーマに密接に関係して充分な分析が必要とされています。

1. 栽培はバイオ栽培であり、それは厳しく詳細な計画書に基づくべきであります。
2. しかし醸造は伝統的な醸造であるべき。
3. このように、オーガニック農業によって生産される農産物は「必ず高品質」であるとの絶対的な意味をもたない。ただ、これは栽培過程において明らかに人工・化学肥料や農薬などを使用していないことを意味する。また、証明書が発行される前に、検査される産物の慎重な栽培計画が立てられていることを意味する。しかし、この後には現在の醸造状況がある。とにかく、数十に及ぶ地域規定が条件を定め、またワインが「原産地保証名」、「高級品質原産名」、「地方ワイン」、「レツィーナ－伝統名」のラベルでビン詰ワインが流通できる厳しい前提条件を定めていきます。
4. これらのラベルはオーガニックぶどう栽培であろうと、オーガニック栽培でなかろうと全く同じものである。これらのラベルが貼ってあるワインは、一定の計画に基づいて生産されていることを保証している。オーガニックぶどう栽培に関しても同じである。つまり、オーガニック栽培と関係があるラベルを使用するためには、一定の栽培計画が実行されなければならない。

それぞれの場合、ワイン生産の動向におけるバイオぶどう栽培は、より多くの計画や検査によって明るい一筋の道となっています。全生産過程においてあらゆる遺伝学的介入を排除することは必要不可欠なことです。

オーガニックワイン紹介

- ゲオルガスファミリ 118-119
- ドメーヌ・ギュリス 122-123
- カトギェストロフィリャ 128-129
- ポート・カラス 142-143
- シガラス・エステート 148-149

オーガニックぶどう畑（ha）

- 2001..... 2500 ha
- 2000..... 2350 ha
- 1999..... 1945 ha
- 1998..... 1566 ha
- 1997..... 1122 ha
- 1996..... 570 ha
- 1995..... 300 ha
- 1994..... 95 ha

ギリシャ・ワインの輸出

　古代の発掘品や現代まで保存されている様々な古文書、芸術作品などから歴史が記されるようになった時代にはギリシャ人はすでに近隣諸国にワインを輸出していたことが明らかになっています。

　当時広く販売され有名なワインといえば、イズマリ・ワイン、タソス島のタソス・ワイン、レズボス島のレズボス・ワイン、トラキア地方のマロニア産のマロニア・ワイン、そして、その他の有名なワインが当時知られていた世界の隅々まで、特に古代からワインが人々の食事の一部となっていた地中海諸国へ輸出されていました。

　ギリシャに対抗して起きた多くの戦争のように世界的規模の変革を通じて物事は変化してきました。しかし、ギリシャが背負ってきた歴史的伝統、つまりディオニソスの贈物であり、人類史の中で最も価値があり、愛されたワインを中心とした歴史を消しさることは不可能でした。

　今では、ギリシャが持っている伝統のかけらも持たない国がワイン輸出の先進国となっています。しかしながら、地球上の多くの地域で栽培されている「世界的な」ぶどう品種とは多分に異なるギリシャのワインは、その歴史にふさわしい特別な地位を保っています。他の多くのワイン生産国との関係で生産量は相対的に少ないのですが、ギリシャ・ワインは他と異なるタイプ、そしてその独特で豊かな風味が特徴です。また、伝統が継続されたように、時代の経過に耐えて継承されてきた古代に有名だったぶどう品種をルーツとする土着のギリシャ種によって豊潤さが支えられています。

　数十年前ギリシャ・ワイン輸出の大半は無名なワインでした。サモス島とリムノス島のマスカット種のホワイト・ダイヤモンド色、イラクリオンのネメア種の深い赤色、クレタ島の有名なワイン、ギリシャ特有のアギオレティコ種、マンディラリオ種などは、諸外国のワインが証明しているように、高価な補充用ワインとして身元不明のまま船倉の旅をつづけてきました。非常に少ないビン詰ワインが国外の市場に出始めたのは戦後、具体的には1974年以降で、今では生産していない人々や今日にいたるまでよく知られている生産者たちによって道が開かれてきました。この30年間にギリシャ産ブランド名のビン詰ワインの輸出は急激に上昇し始めています。ギリシャ・ワインが国外の消費者に受け入れられた最大の要因は、ギリシャ人移民とギリシャ観光によるものです。ギリシャは世界でも有数の観光国に数えられています。

　ギリシャ・ワインの豊富な味と品質の高さは、ギリシャの「味覚革命」のアドバイスを得て劇的に向上しました。それは外国の観光客がギリシャで過ごした「忘れられない休暇」のノスタルジーとマッチして、主にヨーロッパ諸国でギリシャ・ワインを次第に有名にさせたのです。その結果、ビン詰ブランド名ワインは無名ワインと補充用ワインの輸出価格を引き上げました。

　EU諸国でギリシャのビン詰ワイン輸出先国はドイツ、英国、ベルギー、オランダ、フランス、スエーデンなどで、またEU共和国以外の主な輸入国はアメリカ合衆国、カナダ、オーストラリア、スイス、日本そして最近始まった中国です。

　ギリシャが2001年に輸出したビン詰ワインの総額は250億ドラクマを越えるだろうと予測されています。また、2004年のオリンピック大会を視野にしたギリシャ・ワインの輸出は予想を上回るものになるだろうと言われています。

↓ タソス島、ワインとヴィネガー法　（p186 GUIDE OF THASSOS – FRENCH ACADEMY OF ATHENS)

ギリシャワイン輸出量

ギリシャワインの輸出は世界中で目を見張るほどの勢いです。その理由の一つは、ギリシャ大手企業の世界進出と、若手の情熱と勇気によって、ギリシャ固有の品種を活性化させる新しい試みがあったからです。このような努力のお陰で、ギリシャワインのイメージは世界中で徐々に受け入れられてきました。また、クレタ島や地中海料理の健康的な食生活のブームも手伝って、クレタ流のライフスタイルの一部であるワイン自体も奨励されたのです。

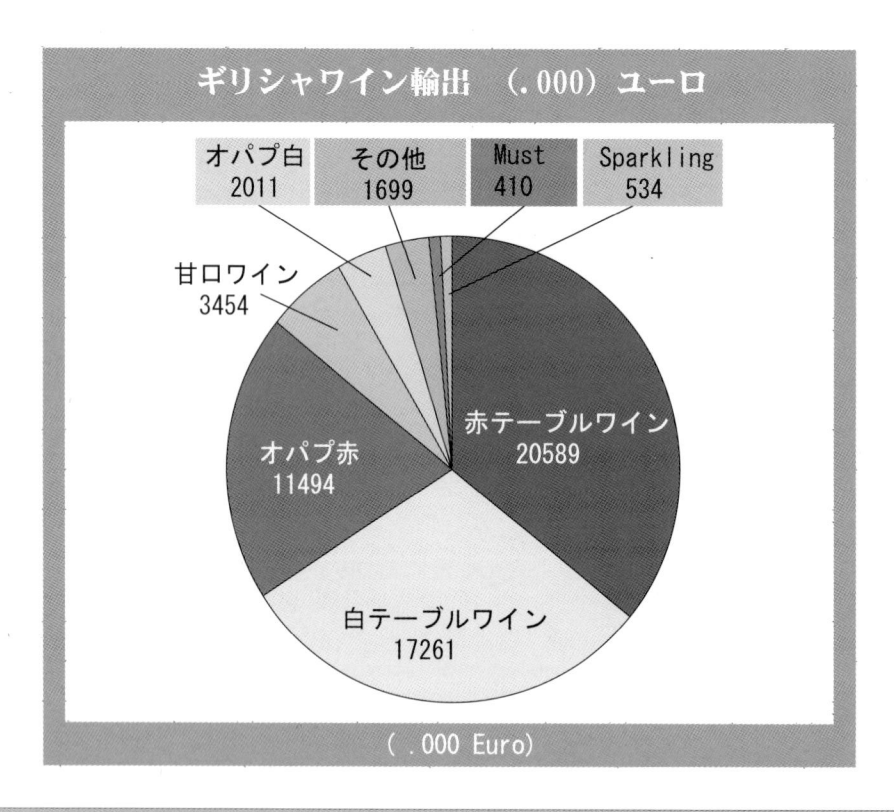

ギリシャワイン輸出 (.000) ユーロ

- オパプ白 2011
- その他 1699
- Must 410
- Sparkling 534
- 甘口ワイン 3454
- オパプ赤 11494
- 赤テーブルワイン 20589
- 白テーブルワイン 17261

(.000 Euro)

EUへのギリシャワイン輸出 – 1998

国名	量 (hl)	金額 (ユーロ)
ドイツ	24.079.108	30,044,047
フランス	13.510.552	9,782,191
イタリア	11.320.033	3,055,171
スペイン	6.102.710	1,672,450
ベルギー	1.963241	2,811,052
英国	1.580.387	2,171,804
デンマーク	1.340.656	1,911,277
オランダ	1.143.694	1,853,548
スエーデン	792.011	1,379,135
オーストリア	756.916	1,037,090
フィンランド	162.578	291,128
アイルランド	32.958	61,471
	62.784.844	56,070,363

source: Ministry of Agriculture

第6章
ギリシャワイン
生産地域

- ◆ ペロポネソス半島
- ◆ 中央ギリシャ
- ◆ テッサリア
- ◆ イピロス
- ◆ マケドニア ＆ トラキア
- ◆ クレタ島
- ◆ ドデカネーゼ諸島
- ◆ キクラデス諸島
- ◆ 東エーゲ海諸島
- ◆ イオニア諸島

ペロポネソス半島

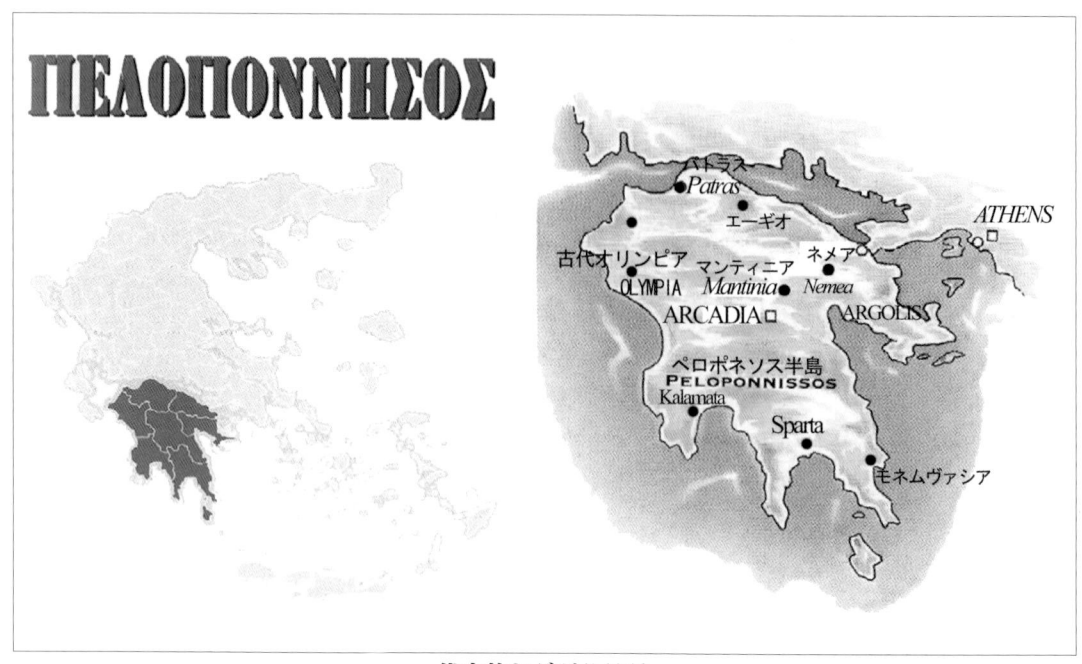

代表的なぶどう品種
アギオルギティコ種、モスホフィレロ種、
レフォスコ種、ロディティス種
(Aghiorgitiko, Moshofilero, Refosko, Roditis)

　ペロポネソス半島はホメロスによると、"アンペロエッサ"「ぶどう畑のメッカ」とよばれ、約20万haのぶどう畑を有するギリシャで二番目に大きな規模のヴィニカルチャー地域です。このぶどう栽培地は平地、丘、山岳にまで広がっています。又、多様性に富み、複雑な、ギリシャで最も歴史のある産地として知られています。

　ペロポネソスのワイン伝統は、古代から途切れる事無く今日まで受け継がれています。ペロポネソスのワインでホメロスが記している貴重な事実、世界最古のパフサニアスの巨大なぶどう、18世紀の航海者たちが残したメガロ・スピレオ修道院の素晴らしいセラーに関するレポート、モネムヴァシア城で造られたマルヴァジア、或いはモネムヴァシアワインの国際的な商業的成功などを、我々は決して忘れてはなりません。

　政治家たちもここペロポネソスの素晴らしいぶどうとワインの価値を認め、この最も重要なヴィニカルチャー地域の生産を、ローカルワインとアペラション・オブ・オリジンに制限し、統括しています。

　ペロポネソスでは他にも多くの、ヴィニカルチャーに富み、その特徴を有したワインを生産しています。

　これらのローカルワインはペロポニシアコスと呼ばれ、その他、あまり知られていないワインもあります：アルカディア、エギアリア、クリメンティ、メシニア、ピリアス、ペトロト、トリフィリアス、テゲアス(Arkadias, Aigialias Slopes, Oreinis Korinthias' Slopes, Klimenti, Messiniakos, Pylias, Petrotos' Slopes, Trifilias, Tegeas)。

　これらのようなワイン生産に用いられるぶどう品種は、モスホフィレロ種、ロディティス種、アギオルギティコ種　。

　その他は、ヴォリツァ種、ラゴルシ種、シャルドネ種、レフォスコ種、カベルネ・フラン種、カベルネ・ソーヴィニヨン種、メルロー種、グルナッシュ種。

ペロポネソス半島

■ ネメア(Nemea)

ネメアのアペラションワインは最も由緒正しい品種、深紅のルビー色と複雑な香りを持つ、アギオルギティコ種から造られています。広大で多様性に富むネメアのぶどう畑は、他にも多くの違ったタイプのワインを創り出す可能性を多く秘めています。

3つの主要ぶどう産地は海抜250～800mの間に広がっています。海抜450～650mの所から高品質のワインが生産されており、それより高所では酸が多すぎ、またそれより低い所だと糖分が多すぎるのです。この地域では、辛口ワインが造られています。

■ マンティニア(Mantinia)

少し南に下ったマンティニア平地の5,000エーカーにおよぶぶどう畑では主に、マルチ用途のモスホフィレロ種を栽培し、O.P.A.P. マンティニアを生産しています。標高650メートルの強い大陸性気候と、やせて乾いた土地を有するこの地域では、主にフルーティーでフローラルな香りの、酸味が多いワインを生産しています。

■ パトラス(Patras)

ペロポネソスの北西、アヘアでは何世紀にも渡ってぶどうとワイン生産の源が揃っています。現在、ぶどう畑は4万エーカーの土地を覆っています。

山と谷が多いアヘアの殆どの地域では、ギリシャで最も一般的なロディティス種が栽培されています。この品種を使ったワインはO.P.A.P. パトラスの元で、特別な状況下で販売され、その味の良さと何にでも合う特徴のため、他とは一線を画しています。

パトラスの南東にあるヴィニカルチャー地域では、スウィートワインのO.P.E. マヴロダフニ・パトラスを生産しています。品種は主に、マヴロダフニ種とブラック・コリンシアキ種を用いています。この有名なワインは、オークバレルでの長期間熟成によって特別な香りを有し、それが特徴となっています。

アハイア地域では、香り高い白マスカット種を用いたスウィートワインも生産しています。この地域ではO.P.E. マスカット・パトラス、マスカット・リオとして販売されています。これらはギリシャスウィートワイン一族の一員です。

ペロポネソス半島のO.P.A.P.	
タイプ	ぶどう品種
ネメア	
赤・辛口 中甘口、甘口	アギオルギティコ種
マンティニア	
白・辛口	モスホフィレロ種、アスプルデス種
パトラス	
白・辛口 やや辛口 やや甘口	ロディティス種

ペロポネソスのO.P.E.	
ワインタイプ	ぶどう品種
マスカット・パトラス	
マスカット・パトラス	ホワイト・マスカット種
白・ナチュラル甘口 (VIN DOUX NATUREL)	ホワイト・マスカット種
白・ナチュラル甘口 (VIN DOUX NATUREL) from selected vineyards	ホワイト・マスカット種
白・ナチュラル甘口 (VIN NATURELLEMENT DOUX)	ホワイト・マスカット種
マスカット・リオ	
マスカット・パトラス	ホワイト・マスカット種
白・ナチュラル甘口 (VIN DOUX NATUREL)	ホワイト・マスカット種
白・ナチュラル甘口 (VIN DOUX NATUREL) from selected vineyards	ホワイト・マスカット種
白・ナチュラル甘口 (VIN NATURELLEMENT DOUX)	ホワイト・マスカット種
マヴロダフニ・パトラス	
マスカット・パトラス	マヴロダフニ種、コリント・ブラック種
白・ナチュラル甘口 (VIN DOUX NATUREL)	マヴロダフニ種、コリント・ブラック種

中央ギリシャ

ΣΤΕΡΕΑ ΕΛΛΑΔΑ

代表的なぶどう品種
サヴァティアノ種、ロディティス種、
アシルティコ種、グルナシュ種。
(Savatiano, Roditis, Assyrtiko, Grenache)

　数多くの古代遺跡の発見と、この地域に関する神話がワインの伝統が古代に遡る事を証明しています。全ギリシャワインのほぼ3分の1が、現在この中央ギリシャ（ステレア・エラダ）地域で生産されています。アッティカ、ヴィオティア、エヴィア島では主に、有名な松脂を加えたワイン、レツィーナ用のサヴァティアノ種と、レツィーナ以外にも多くの上質品種を栽培しています。元々はワイン貯蔵の手段として松脂を加えたものが多くの人に好まれ、地域の食べ物との相性も最高だった事から、直ぐにレツィーナは人気者になりました。

　又、この地域で最も多く栽培されているのはサヴァティアノ種で、中央ギリシャの乾燥した暖かい天候にも完璧に順応しました。この品種のみでも、又、地域で多く栽培されているもうひとつの品種、ロディティス種とブレンドして上質のワインを生産しています。

　更に、フランスの品種、カベルネ・ソーヴィニヨンはアッティカの土と環境に良く順応しました。この品種のみ、又は、アギオルギティコ種やメルロー種とブレンドし、多くの地元、テーブルワインを生産しています。

アッティカのO.P.A.P.	
カンザ	
タイプ	ぶどう品種
白・辛口	サヴァティアノ種

中央ギリシャ

■ アッティカ、ヴィオティア、エヴィア島のトピコスワインは：
(Topikos Oinos of Attica, Viotia and island of Evia)

1. トピコス・ステレア エラダ (Sterea Ellada)
2. アッティコス (Attikos)
3. アナヴィソス、ヴィリツァ、ゲラニア、イリウ、コロピ、マルコプロ、ペアニア、パリニ、ペンテリコン山、ロツォナ、アヴリダ、スッパタ。
(Anavisiotikos, Vilitsa, Geranion, Iliou, Koropiotikos, Markopouliotikos, Peanitikos, Palliniotikos, Voreion Plagion Pentelikou, Ritsonas Avlidas, Spataneikos).

少し北の、古代はセメリの父、カドムス王が統治していたテーベでは、サヴァティアノ種、ロディティス種、アシルティコ種が栽培されています。最近では更に、シラーズ種、グルナッシュ種、カリニャン種も栽培され、美味しいローカルワイン生産にとって大変良い結果を出しています。

■ テーベのトピコスワイン
(Topikos Oinos Thivon)
テーベ全体の地域で承認されているローカルワインはテーベ、キテロナス、パールニサ。

(Thivaikos, Kithairona Slopes and Parnitha Slopes).

ギリシャ民族の発祥の地とされている、パルナッソス山のふもと、オプンディア・ロクリダ地方では、国内外の多くの品種からタイプの異なる様々なワインを製造していて、古代から現在に至るまで、ぶどうとワインの生産が途切れる事無く継承されています。それらのトポコスワインは：
アタランティ、クニミ、オプンディア・ロクリダ
(Atalanti, Knimi Slopes and Opountias Lokridas)

中央ギリシャ、アタランティ、 パルナソス山

テッサリア

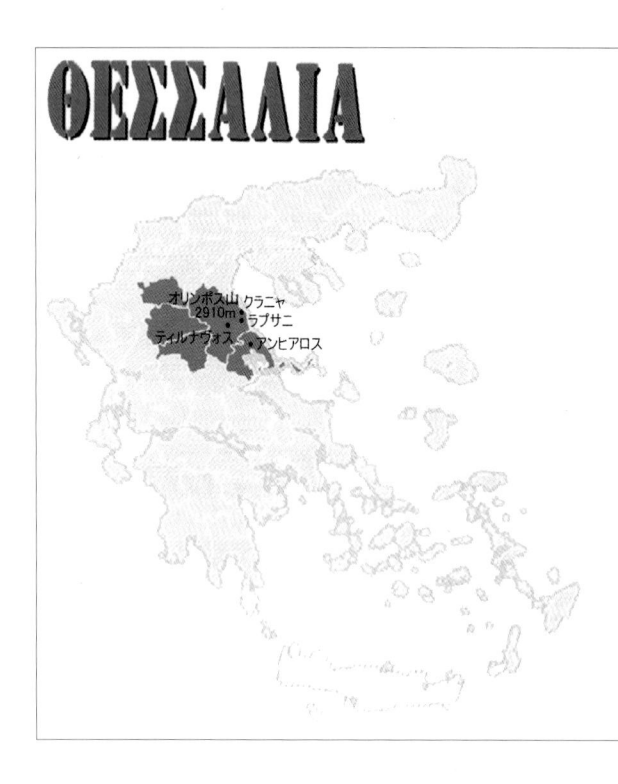

代表的なぶどう品種
バティキ種、クラサト種、スタヴロト種、
クシノマヴロ種。
(Batiki, Krassato, Stavroto, Xinomavro)

　テッサリアの平地は山に囲まれ、海からもそう遠くなく、ぶどう栽培に適した環境を備えています。3種類のO.P.A.Pワインがこの地方で生産されています。

　オリンポス山の南東側のふもと、テムピ平地の少し南の海抜300〜500mの場所でラプサニの赤O.P.A.Pが生産されています。このワインにはクシノマヴロ種、クラサト種、スタヴロト種が使われています。

　少し南に下ったアグラファの標高250から600メートルの場所では、赤、辛口O.P.A.P. メセニコラを生産しています。このワインには、メセニコラ・ブラック種、シラーズ種、グルナッシュ種が使われています。

　海に近いアンヒアロス地域では白品種のロディティスとサヴァティアノをブレンドした白の辛口ワイン、O.P.A.P. アンヒアロス アペラションを生産しています。

　テッサリアのワインは、白、ロゼ、赤全てロディティス種、サヴァティアノ種と地元で用いられている品種のコンビネーションです。

　ラプサニのクラニャ町では、カベルネ・ソーヴィニヨン種とメルロー種を使って特別な地元ワインを造っています。

テッサリアのO.P.A.P.

ラプサニ		アンヒアロス	
タイプ	ぶどう品種	タイプ	ぶどう品種
赤・辛口	クシノマヴロ、クラサト、スタヴロト	白・辛口	サヴァティアノ種50％、ロディティス種50％
メセニコラ		白・やや辛口	サヴァティアノ種50％、ロディティス種50％
赤・辛口	マヴロ・メセニコラ種70％、シラーズ、カリニャン	白・中甘口	サヴァティアノ種50％、ロディティス種50％

イピロス

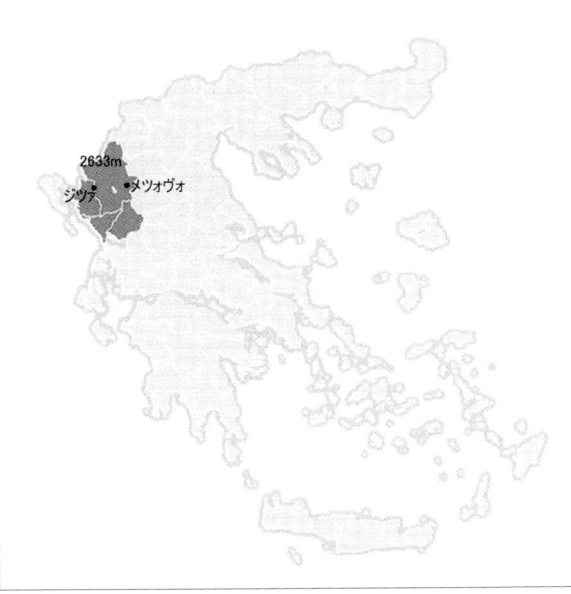

ΗΠΕΙΡΟΣ

代表的なぶどう品種
デビナ種、アギオルギティコ種、
カベルネ・ソーヴィニヨン。
(Debina, Aghiorgitiko, Cabernet Sauvignon)

　過去の戦争と移民流出で痛手を負ったイピロスが、高地で今でも少量ながらワインを生産しているのは、地元の農民にとってありがたい事です。この地域山岳地帯のエコシステムは、素晴らしい地元アペラションワインを造り出すのに最適です。

　この地方特有の天候と、白・デビナ種の完璧な環境への順応が、白の軽いスパークリング　アペラションワイン、ジツァの生産に大きく貢献しています。

　白のジツァワインは、トルコ支配時代に極悪アリ・パシャがバイロン卿を含む客人にふるまってから、その名を知られる様になりました。

　海抜の高い、ピンドス山の隠れたスロープに、カベルネ・ソーヴィニヨン種が栽培されていて、大変有名な地元ワインメツォヴォが造られています。

　同じ地域でヴァン・ド・ペイ・イオアニナも生産されています。白ワインにはデビナ種、ヴラヒコ種、ベカリ種を使い、赤ワインにはカベルネ・ソーヴィニヨン種を用いています。

イピロスのO.P.A.P.	
ジツァ	
タイプ	ぶどう品種
白・辛口	デビナ種
白・辛口 (SPARKLING WINE)	デビナ種
白・中甘口 (SPARKLING WINE)	デビナ種

ギリシャワイン生産地域

マケドニア ＆ トラキア

代表的なぶどう品種
アシルティコ種、アシリ種、リムニオ種、
ネゴシカ種、クシノマヴロ種、カベルネ・ソーヴィニヨン種、カベルネ・フラン種。
(Assyrtiko, Athiri, Limnio, Negoska, Xinomavro, Cabernet Sauvignon, Cabernet Franc)

マケドニア＆トラキアのO.P.A.P			
アミンデオ		ナウサ	
タイプ	ぶどう品種	タイプ	ぶどう品種
ロゼ・辛口	クシノマヴロ種	赤・辛口	クシノマヴロ種
ロゼ・やや辛口	クシノマヴロ種		
ロゼ・やや甘口	クシノマヴロ種		
赤・辛口	クシノマヴロ種	赤・やや辛口	クシノマヴロ種
赤・やや辛口	クシノマヴロ種		
赤・やや甘口	クシノマヴロ種		
ロゼ・辛口	クシノマヴロ種	赤・やや甘口	クシノマヴロ種
ロゼ・やや甘口	クシノマヴロ種		
グメニサ		プライエス・メリトン	
タイプ	ぶどう品種	タイプ	ぶどう品種
白・辛口	アシリ種50％、ロディティス種53％、アシルティコ種15％	白・辛口	アシリ種50％、ロディティス種53％、アシルティコ種15％
		赤・辛口	リムニオ種70％、カベルネ・ソーヴィニヨン種-カベルネ・フラン種30％

マケドニア ＆ トラキア

　古代から有名だった北ギリシャのワインが、フィロキセラ、大量の移民流出、世界大戦、国内戦争などによって失った名声を取り戻したのは、過去20－30年の間になってやっとでした。
　マケドニア地方では、ワイン生産は分散したぶどう畑とマイクロ・クライメットの恩恵を受けています。

　国際的に成功しているマケドニアワインは、伝統的でスペシャルな赤の"クシノマヴロ種"がベースです。この品種は、セミーコンチネンタル地方の環境に大変良く順応しました。O.P.A.Pと数多くのトピコスワインによる3種類のワインに大きな役割を果たしています。

■ アミンデオ(Amyndaio)

　クシノマヴロ種は、ギリシャの最も内陸で人里離れたぶどう畑、アミンデオでも栽培されています。このぶどうは軽く、優しいスパークリングでフルーティーな赤とロゼのアペラション・アミンデオ・ワインを造ります。標高600m以上で、この地域の不利な天候にも関わらず、白のシャルドネ種、ソーヴィニヨン・ブラン種も栽培されています。これらは、地元産上質ワインの可能性が大いにある事を証明しています。

■ グメニサ(Goumenissa)

　グメニサのぶどう畑はナウサの北東にまで伸び、広さは150平方km標高250mにあります。
　O.P.A.Pのグメニサワインには、ネゴシカ種とクシノマヴロ種のブレンドが使われ、グメニサの土と天候は赤ワインにソフトな味とリッチなブーケの香り、特徴ある繊細さを与えます。

■ ナウサ(Naoussa)

　ナウサのぶどう畑は、全体で7,000エーカー、標高150－300mに位置し、主な品種はクシノマヴロです。このぶどうはナウサ・アペラション・ワインを造り、深紅色と熟成に適した品種です。近年、ナウサのぶどう園は他の上質な品種、メルロー種、シラーズ種などで更にグレードを上げ成功しています。

■ プライェス・メリトン (Meliton Slopes)

　太陽が降り注ぐメリトン山のスロープ、地域の乾燥した温暖な天候、それに海からの恵みが、上質なO.P.A.P.アペラションワイン、コット・ドゥ・メリトンを誕生させました。この白アペラションワインは、3種類のギリシャ品種－ロディティス種、アシリ種、アシルティコ種から造られ、赤のO.P.A.P. ワインは古代品種のリムニオ種と、フランスのカベルネ・フラン種、カベルネ・ソーヴィニヨン種から造られています。

■ ヴァン・ド・ペイ・マケドニア (Topikos Oinos Makedonias)

　近年マケドニア地方のぶどう畑から造られたワインは、国際的に高い評価を得ています。これらのワインは、マケドニア地方以外に以下のような地域でも生産されています：アギオリティコス、アゴリャノス、アンドリャニョティコス、グレヴェノンドラマスエパノミス、イマティアス、メシンヴリオティコス、ペラス、ペゲオリティコス、ヴェルティスコス、ソトニアス、セロン、シャティスティノス、ハルキディキ。

■ トラキア (Thrace)

　近年、トラキア地方のマロニアぶどう畑は大掛かりな改善が成されました。このぶどう畑はホメロスの時代から知られていてその結果、この国家的にも思い入れ深い場所から、新しい地元ワインが多く生産されるようになりました。主なワインは、トラキコス、アヴディロン、イスマリコスです。
　多くの地元ぶどう品種のアシルティコ種、アシリ種、マラグジア種、ロディティス種、リムニオ種、クシノマヴロ種らは、国際的な品種、シャルドネ、ソーヴィニヨン・ブラン種、カベルネ・ソーヴィニヨン種、シラーズ種、メルロー種、グルナッシュ種と共に、北ギリシャの地元ワインの生産に使われています。

エーゲ海の島々

　新石器時代からエーゲ海の島でぶどう栽培が行われていた事を示す、貴重な事実があります。エーゲ海の島々はその立地的環境から長い事、東と西を結ぶ重要な商業の交差点となっています。そして、船舶がエーゲ海ワインを広めるのに貢献しました。中期ビザンチン時代から、末期ベニス統治時代まで、最も格調高く有名なワインはヴィサントとマルヴァシアでした。

　地中海性気候の特徴、温暖な冬と暖かく乾燥した夏は海風と長い日照を与え、ぶどう栽培に最高の環境を揃えてくれました。過去何十年間に、幾つかの島ではフィロキセラや、もっと利益のある観光業への関心が、ぶどう栽培を減少させる事になりました。

◆　クレタ島............93

◆　ドデカネーゼ諸島......94

◆　キクラデス諸島.......95

◆　東エーゲ海諸島.......96

◆　イオニア諸島........97

クレタ島

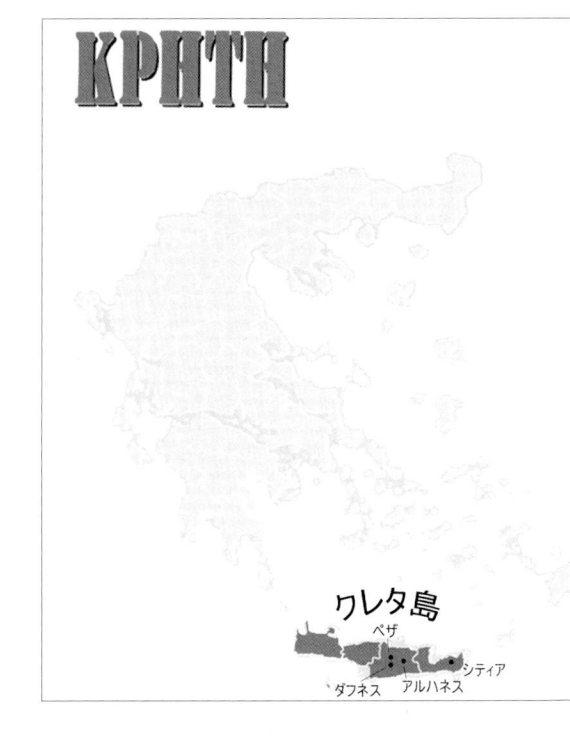

KPHTH

代表的なぶどう品種
コツィファリ種、リャティコ種、マンディラリア種、
ロメイコ種、ヴィラナ種。
(Kotsifali, Liatiko, Mandilaria, Romeiko, Vilana)

クレタワインはミノア時代から有名でした。著名なミルトスのリニ（ぶどう圧搾機）は前ミノア時代に遡ります。ところで、世界で最も古いワインプレスはアルハネスで発見されました。

クレタのぶどう畑は主に島の北側、標高600〜700mに位置します。アフリカ大陸から流れるリビア海流は、エーゲ海の涼しい風と島の東西に伸びる山脈にさえぎられ、ぶどうに影響を及ぼしません。4種類の赤と白ワインは、アペラションワインに指定されています。

イラクリオン地域の赤・アペラションワインはアルハネスで、その他白、赤ワインのペザがあります。赤のアルハネスとペザは、コツィファリ種とマンディラリア種のブレンドで、白はヴィラナ種から造られています。 同じ地域では、リャティコ種から甘口と辛口の赤・アペラションワイン、ダフネスを造っています。甘口ワインのアペラションは、クレタ島のベネチア支配当時、有名だったクレタ・マルヴァジアまで、その起源は遡ります。

東クレタには白と赤のシティア・アペラションがあります。白アペラション用にはヴィラナ種とトラプサシリ種が、赤用にはリャティコ種とマンディラリア種が使われています。

クレタ島のO.P.A.P.

アルハネス		ペザ	
タイプ	ぶどう品種	タイプ	ぶどう品種
赤・辛口	コツィファリ種、マンディラリア種	白・辛口	ヴィラナ種
		赤・辛口	コツィファリ種、マンディラリア種
ダフネス		シティア	
赤・辛口	リャティコ種	白・辛口	ヴィラナ種70％、スラブサシリ種30％
		赤・辛口	リャティコ種80％、マンディラリア種20％
赤・甘口	リャティコ種	赤・甘口	リャティコ種
赤・甘口	リャティコ種	赤・甘口	リャティコ種
赤・甘口	リャティコ種	赤・甘口	リャティコ種

ドデカネーゼ諸島

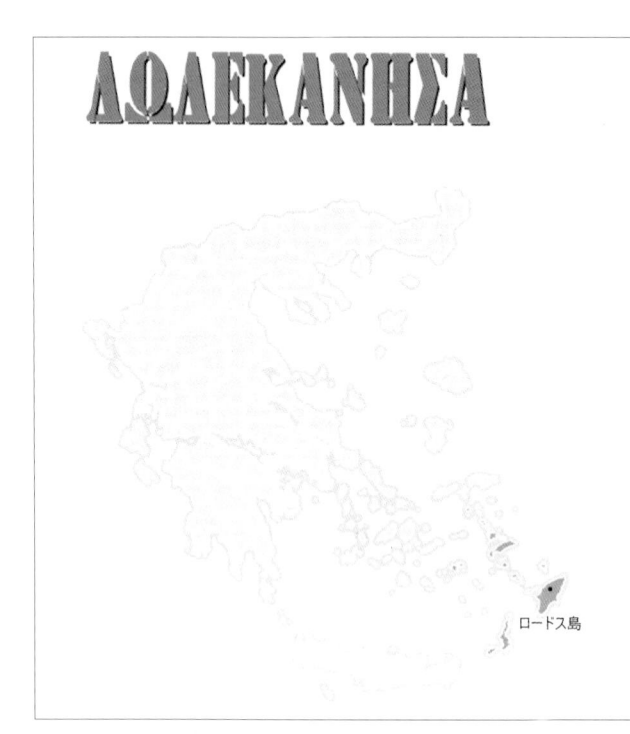

ΔΩΔΕΚΑΝΗΣΑ

代表的なぶどう品種
アシリ種、マンディラリア種、
ロディティス種、ホワイト・マスカット種
(Athiri, Mandilaria, Roditis, White Muscat)

ロードス島 (Rhodes)

ロードス島の好天候と、アタヴィロス山脈が暖かい南風からぶどうを守り、アシリ種とマンディラリア種がここでは栽培されています。これらの品種は、ロードスの自然環境に良く順応し、それぞれ白又は赤O.P.A.P. ロードス島を造り出しています。

更に、スペシャルな甘口ワイン、O.P.E. マスカット・オブ・ロードスを、白マスカット種とマスカット・トラニから造っています。

ロードス島
バラとぶどう
金ステター
350-340 BC. 8.6gr 16mm

ロードス島
バラとぶどう
銀テトラドラクマ
408-398 BC. 16.67gr 26mm

ロードス島のO.P.A.P.

タイプ	ぶどう品種
白・辛口	アシリ種
白・やや辛口	アシリ種
白・やや甘口	アシリ種
赤・辛口	マンディラリア種
赤・やや辛口	マンディラリア種
赤・やや甘口	マンディラリア種

ロードス島のO.P.E.

タイプ	ぶどう品種
白・甘口 (VIN DOUX)	ホワイト・マスカット種
白・ナチュラル甘口 (VIN DOUX)	ホワイト・マスカット種
白・ナチュラル甘口 (VIN DOUX NATUREL) from selected vineyards	ホワイト・マスカット種
白・ナチュラル甘口 (VIN NATURELLEMENT DOUX)	ホワイト・マスカット種

キクラデス諸島

KYKΛAΔEΣ

代表的なぶどう品種
アシルティコ種, アシリ種,
アイダニ種, マンディラリア種
[Assyrtiko, Athiri, Aidani, Mandilaria]

■ サントリーニ (Santorini)

　紀元前17世紀の大規模な火山噴火により、大量の火山灰と軽石が溶岩や砂と共に島の表面に蓄積され、締まった土を形成しました。この様なサントリーニの地質が、非オーガニック素材に富み、オーガニック素材に乏しいという珍しい環境を造り、これこそ真にサントリーニの独自性となっています。夜間に発生する霧が渇いたぶどうを、アンベリャの名で知られる低いバスケット形の露で覆い、島中に吹き荒れるメルテミ（夏風）からぶどうを守ってくれます。サントリーニで主に栽培され、放っておいても自然に育つのはアシルティコ種です。この白品種は、様々なワインに用いられ、サントリーニの独特な天候にも順応しました。格調高い品種のアシリ種、アイダニ種も栽培されています。これら3種類のブレンドが素晴らしい白・辛口・O.P.A.P. サントリーニを造り出しています。アシルティコ種、アイダニ種から造られた、白・甘口・O.P.A.P. サントリーニも逸品です。これらのワインは、伝統的な手法のヴィンサント法か、有名な甘口ワインの製造法で日干ししたぶどうを用いて造られています。これらは全て、サントリーニぶどう畑の大きな可能性を証明しています。

■ パロス島 (Paros)

　パロス島の天候は暖かく乾燥していて、強い夏風のせいでぶどうの木は限りなく地面に近く低く植えられ、落ちた実が土に沿って転がり、パロス島式のヴィティカルチャーアプロタリエス（APLOTARIES)を造り出します。
　主な品種は、白のモネムヴァシア種と赤マンディラリア種で、赤 O.P.A.P. パロス用に良くブレンドされています。白のアペラション・パロスは歴史的な品種のモネムヴァシアで、最近制定されました。

サントリーニ島のO.P.A.P

タイプ	ぶどう品種
白・辛口	アシルティコ種、アシリ種、アイダニ種
白・甘口	アシルティコ種、アシリ種、アイダニ種
白・ナチュラル甘口 (VIN DOUX NATUREL)	アシルティコ種、アシリ種、アイダニ種
白・ナチュラル甘口 (VIN NATURELLEMENT DOUX)	アシルティコ種、アシリ種、アイダニ種

パロス島のO.P.A.P

タイプ	ぶどう品種
白・辛口	モネムヴァシア種
赤・辛口	モネムヴァシア種67% マンディラリア種33%

東エーゲ海諸島

NHΣOI AIΓAIOY

代表的なぶどう品種
ホワイト・マスカット種、
マスカット・アレキサンドリア種
(Muscat of Samos(White Muscat),
Muscat of Alexandria)

■ サモス島 (Samos)

サモスの甘口ワインより世界中で有名なギリシャワインはないでしょう。サモス島のワイン伝統は、古代から今日まで継承されています。サミア・アンペロス（サモスのワインの意）は、古代文法家のエシヒオスの辞書にも載っていて、この島のワイン文化はアルゴー号航海のヒーロー、アンゲオスによってもたらされました。サモスの特別な、小粒で香り豊かなホワイト・マスカット種を殆ど独占栽培しているぶどう畑があり、階段式テラスが標高800ｍまで広がっています。この品種はサモスの自然環境に完璧に順応し、幾かの異なるタイプのスウィートワインを造り、気難しいワイン愛好家を満足させています。これらのスウィートワインは自然醗酵か軽く補強され、熟成物と新しい物と共にO.P.E. サモスと証されています。

他にも、白の辛口ローカルワインは白マスカット種から造られた、上質のワインです。

■ リムノス (Limnos)

リムノスの火山性、酸性の土、浅い谷で、白の香り良い品種、マスカット・アレキサンドリア種と、あまり開発されていない赤のリムニオ種が、ここでは主に栽培されています。

マスカット・アレキサンドリア種はリムノス産が最高とされ、白・辛口・アペラション・リムノスと他の違うタイプの上質な甘口ワイン、アペラション・オリジン・オブ・リムノスを造ります。

赤品種のリムニオは、地元では"カラムパキ"とも呼ばれ、アリストファネスがリムニア・アンベロス（リムノスのワイン）と呼び、深紅色のアペラションワイン・リムノスを造ります。

サモス島のO.P.E.	
タイプ	ぶどう品種
白・甘口 (VIN DOUX)	ホワイト・マスカット種
白・ナチュラル甘口 (VIN DOUX NATUREL)	
白・ナチュラル甘口 (VIN DOUX NATUREL CRU) from selected vineyards	
白・ナチュラル甘口 (VIN NATURELLEMENT DOUX)	

リムノス島のO.P.E	
タイプ	ぶどう品種
白・甘口 (VIN DOUX)	マスカット・アレキサンドリア種
白・ナチュラル甘口 (VIN DOUX NATUREL)	
白・ナチュラル甘口 (VIN DOUX NATUREL CRU) from selected vineyards	
白・ナチュラル甘口 (VIN NATURELLEMENT DOUX)	

イオニア諸島

IONIOI NHΣIOI

ケルキラ島
ケファロニア島
ザキントス島

代表的なぶどう品種
ロボラ種、マヴロダフニ種、
ホワイト・マスカット種
(Robola, Mavrodaphne, White Muscat)

■　ワインを生産しているイオニア海の島々で、最も重要な島はケファロニアです。山の多いこの地方の地質は、優れた白品種のロボラ栽培に最適です。ケファロニアでのロボラ種栽培は大変成功していて、O.P.A.P. ロボラ・オブ・ケファロニアを生産しています。
島のワイン造りに新たに貢献しているのが、ホワイト・マスカットとマヴロダフニ種で、それぞれO.P.E. マスカット・オブ・ケファロニアとマヴロダフニ・オブ・ケファロニアの甘口ワインを造っています。更に、グストリディ種、ツァウシ種、シニャティコ種から、ローカルワインのメタクサテスとアイノスを生産しています。
近隣のザキンソス島では、伝統のあるテーブルワイン、ヴェルデアを複数の品種から生産しています。ヴェルデアの名は、イタリア語の"ヴェルデ"から付けられました。その輝く緑色と高いアルコール度が特徴です。

イオニア諸島のO.P.A.P	
ケファロニア島	
タイプ	ぶどう品種
白・辛口	ロボラ種

イオニア諸島のO.P.E.			
タイプ	ぶどう品種	タイプ	ぶどう品種
赤・甘口	マヴロダフニ種とコリント・ブラック種	白・甘口 (VIN DOUX)	ホワイト・マスカット種
		白・ナチュラル甘口 (VIN DOUX)	
		白・ナチュラル甘口 (VIN DOUX NATUREL) from selected vineyards	
		白・ナチュラル甘口 (VIN NATURELLMENT DOUX)	

The very best of the Greek VINEYARDS

ORGANIC WINES

DOMAINE GIOULIS
Red, Dry 1999
Regional wine
Klimenti Peloponnese
100% Cab. Sauvignon

SPATA
White, Dry, 2001
Regional wine
Mesogia Attica
100% Savatiano

RETSINA MESOGION
White, Dry, 2001
Traditional Appellation
Mesogia Attica
100% Savatiano

ORGANIC WINES

ENIPEAS
White, Dry, 2001
Organic wine
Peloponnese

BRITZIKIS ROSE
Roze, Dry, 2001
Organic wine
Peloponnese

KTIMA BRITZIKIS
Red, Dry, 1999
Organic wine
Peloponnese

WHITE & RED WINE COLLECTION

MARKOU ASSYRTIKO
White, Dry 2001
Regional wine
Pallini, Attica
100% Assyrtico

MARKOU NEMEA
Red, Dry, 1997
V.Q.P.R.D. wine from
Nemea Peloponnese
100% Aghiorgitiko

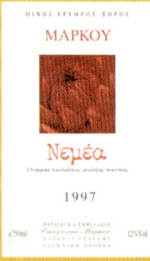

KANTHAROS PATRAS
White, Dry, 2001
V.Q.P.R.D. Patras
Peloponnese
100% Roditis

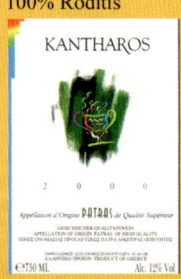

KANTHAROS NEMEA
Red, Dry 1999
V.Q.P.R.D. Nemea
Peloponnese
100% Aghiorgitiko

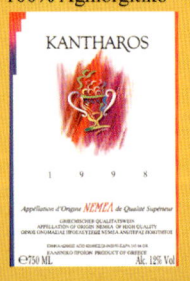

HILIETIS TRADE

17, Skoufa Str., GR 412 22, Larissa, GREECE - HELLAS, Tel:+30-410 538 033, Fax:+30-410 549 813
hilietis@symposio.com, http://www.symposio.com/hilietis.htm

第7章
ワイナリー紹介

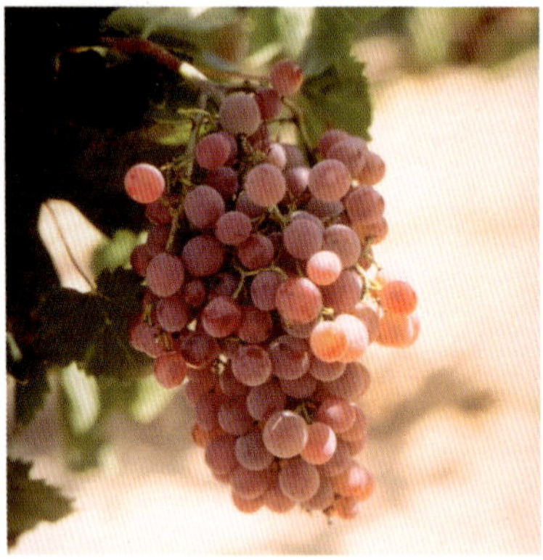

ワイナリーリスト

1.-	ANTONOPOULOS	アントノプロス社	102-103
2.-	BESBEAS	クティマ ベスベアス	104-105
3.-	BOUTARI	ブターリ社	106-107
4.-	CRETA OLYMPIAS	クレタ オリンピアス	108-111
5.-	DOUGOS	ドウゴス・エステート	112-113
6.-	EMERY	エノテカ・エメリ	114-115
7.-	EFHARIS	エフハリス・エステート	116-117
8.-	GEORGA'S FAMILY	ゲオルガス・ファミリ	118-119
9.-	GEROVASSILIOU	ドメーヌ・ゲロヴァシリウ	120-121
10.-	GIOULIS	ドメーヌ・ギュリス	122-123
11.-	HARLAFTIS	ドメーヌ・ハルラフティス	124-125
12.-	HATZIMICHALIS	ドメーヌ・ハジミハリス	126-127
13.-	KATOGI KAI STROFILIA	カトギ ケ ストロフィリャ	128-129
14.-	KOURTAKIS	クルタキス社	130-133
15.-	KYR-YIANI	クティマ キル・ヤニ	134-135
16.-	LICOS	リコスワイン	136-137
17.-	PAPANTONIS	パパントニス・エステート	138-139
18.-	PARPAROUSIS	パルパルシス	140-141
19.-	PORTO CARRAS	ドメーヌ ポルト・カラス	142-143
20.-	REKLOS	レクロスワイン	144-145
21.-	SAMOS	サモス協同組合	146-147
22.-	SIGALAS	シガラス・エステート	148-149
23.-	SKOURAS	ドメーヌ・スクラス	150-151
24.-	TSANTALIS	ツァンタリス	152-155
25.-	TSELEPOS	ドメーヌ・ツェレポス	156-157

オーガニック（ぶどう栽培）

1.-	GEORGA	ゲオガス・ファミリ	118-119
2.-	GIOULIS	ドメーヌ・ギュリス	122-123
3.-	KATOGI STROFILIA	カトギ ケ ストロフィリャ	128-129
4.-	PORTO CARRAS	クティマ ポルト・カラス	142-143
5.-	SIGALAS	シガラス・エステート	148-149

ANTONOPOULOS VINEYARDS
アントノプロス

■ 物語

コンスタンティノス・アントノプロスが彼自身のぶどう畑を造ると決心したのは、1983年、クリスマスイヴのことでした。"アイデアは夢の中で生まれる"、彼はそう信じ、将来の夢を古代から有名なぶどう産地のパトラスに託しました。パトラスは、シーザーやクレオパトラを初めとする著名で権力を持つ人々を魅了し、彼らはパトラスでのバケーションやワイン・シンポジオを楽しみました。

■ 設立

1988年にアントノプロス・ヴィンヤーズは設立され、彼の夢が現実となりました。コンスタンティノス・アントノプロスは、イノロジストでクリエイティブ、世界中で活躍する鑑定家でした。彼のワインに対する愛情から、独自のワイン観を持っていました。彼はワイン造りには、三段階あると信じています。
先ずは、ぶどう畑そのものと場所、これがぶどう栽培の出来を左右してしまいます。何故ならぶどうはデザインされた様に育つから、と彼は信じています。第二段階は収穫時に始まります。自分自身と、自分がぶどう畑に投資した結果と対面する時です。
第三段階は、前の二つの段階次第で、又それらと深く関係し、自分の仕事が人々にどう感じてもらえるかです。
コンスタンティノス・アントノプロスは既に私達と共にいませんが、彼のヴィジョンと哲学は、現在のオーナー、ヤニスとニコス・ハリキアスにそっくり継承されています。

■ ワイナリー

ワイナリーはパトラスの街から10kmの所にあります。1986年に植樹されたぶどう畑の並びに位置し、近代的なワイン造りの設備を整えています。ワインセラーには300個のオークバレルがあり、ここで白、赤ワインともに熟成されます。所有するぶどう畑は11ヘクタールで、他に提携ぶどう畑が15ヘクタール、ネメアのアヘア地方、マンティニアの高地にあります。

■ 人材

ぶどう栽培研究家のアントノプロス・ヴィンヤーズの中心人物はヤニス・ハリキアス、そして著名なイノロジストのミハリス・プロムポナスとタソス・ドロシアディスの二人が、彼をサポートしています。

代理店：有限会社ノスティミア　商品の問い合わせは「お客様相談室」まで。　(029) 298 2464

ワイナリー紹介

ANTONOPOULOS VINEYARDS

ワイン・ポートフォリオ

🚩 **カベルネ・ニュ・オーク（赤・辛口・テーブルワイン）**
CABERNET NEW OAK (Red, dry, Table wine)
品種：７０％カベルネ・ソーヴィニヨン種、３０％カベルネ・フラン種
特徴：新しいオークバレル（アリエール）で９－１２ヶ月間、更にボトルで６～１２ヶ月間熟成。フルボディーの赤ワインで、レンガ色、ナッツとバニラ、キャラメルの香り。リッチなボディーで滑らかな味が長く残ります。ロケーション：アヘアの山稜地域。
飲み頃温度：１８℃。

🚩 **アドリ・ギス（白・辛口・テーブルワイン）**
ADOLI GIS (White, Dry, Table Wine)
品種：ラゴルシ種、アスプルデス種、シャルドネ種
特徴：薄い緑色、パイナップル、メロン、熟した黄色いフルーツの香り。フルなテイストとソフトな酸味（マリック酸）は炭酸によってより強調されます。ロケーション：カラヴリタの山町。
飲み頃温度：９－１１℃。

🚩 **プライベート・コレクション（赤、辛口、ペロポネソス・トポコスワイン）**
PRIVATE COLLECTION (Red, Dry, Regional wine of Peloponnese
品種：アギオルギティコ種７０％、カベルネ・ソーヴィニヨン種３０％
特徴：新しいオークバレルで４～６ヶ月間、更に、ボトルで４～６ヶ月間熟成。深紅色で、熟成した香りとナッツ、ココア、赤いフルーツの香りがハーモニーを奏でます。ロケーション：ネメアのアヘア。
飲み頃温度：１８℃。

🚩 **プライベート・コレクション（白・辛口・テーブルワイン）**
PRIVATE COLLECTION (White, Dry, Table Wine)
品種：シャルドネ種１００％
特徴：黄金色で、パイナップル、パッションフルーツ、バナナなどのエキゾチックなフルーツの濃厚な香り。爽やかな酸味と、リッチな味わいが長く残ります。ロケーション：アヘアの山稜地域。
飲み頃温度：１０℃。

🚩 **マンティニア（白、辛口、O.P.A.P. マンティニア）**
MANTINIA (White, Dry, Appellation of Origin Mantinia of High Quality)
品種：モスホフィレロ種１００％
特徴：ほのかな緑とフルーティで新鮮、活々としたフルボディーが特徴。バラ、シトラスとフルーツの濃厚な香り。長いアフターテイスト。ロケーション：アギオルギティカのゼヴゴラティオ。
飲み頃温度：９－１１℃。

🚩 **ロディティス・アレプ（白、辛口、O.P.A.P. パトラス）**
RODITIS ALEPOU (White, Dry, Appellation of Origin Patras of High Quality)
品種：ロディティス種１００％
特徴：薄い黄緑色。青りんごとキーウィ、グレープフルーツ、レモンの香り。優しくソフトでさっぱりとした酸味のある、強くてまろやかな味。濃厚で滑らかさが長く残る。
ロケーション：アヘアの山稜地域
飲み頃温度：１０－１２℃。

KTIMA BESBEAS
クティマ・ベスベアス

■ ロケーション

アテネから北東へ行ったアッティカ地方のスタマタ、エビア湾を見下ろす高台に、絵画のようなベスベアス・エステートがあります。

標高450mの高台にあるエステートぶどう畑は、カベルネ・ソーヴィニヨンとメルロー、世界でも最も有名なこれら2品種のみを栽培しています。

丹念に栽培されているぶどうの木は、北東のスロープに沿って、くいで区画された列（ロイヤット）に堂々と茂っています。さらさらしたアルギラセウス（クレー）質の土壌は、ぶどうを病気から守ってくれます。更に大切なのは、土、アッティカの太陽、畑に吹く様々な風、高い標高とぶどうの刈り込みが、ベスベアス・エステートのぶどうに、魅力的で奔放な香りとフレーバーを与えています。

■ ワイナリー

ワイナリーはぶどう畑の隣にあります。伝統的な赤ワイン製造法は、ステンレス製タンクでのぶどうプレスと醗酵の調節など、最高の技術と設備をもって行われます。ワインの熟成は15℃に温度調節されたセラーで、先ず225リットルのフランス製オークバレルにて最低1年間、ビン詰め後更に傾斜のある場所で長い時間をかけて行われます。

カベルネ・ソーヴィニヨン種82％、メルロー種18％ベスベアス・エステートのワインボトルは3色あり、上質のコルクで栓をされ、エレガントなデザインのラベルが、更に内容と外観が調和したこの素晴らしい赤ワインの完成度を高めています。

KTIMA BESBEAS
ワイン・ポートフォリオ

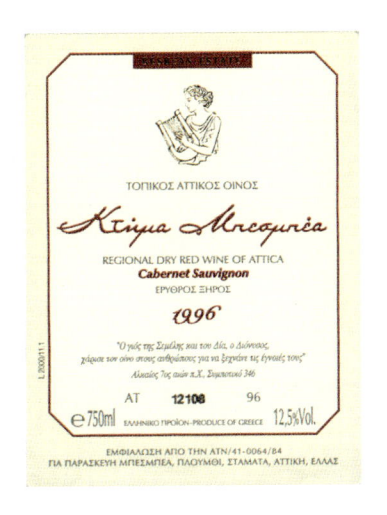

▶ **クティマ ベスベアス（赤、辛口、アッティカ・トピコスワイン）**
KTIMA BESBEAS (Red, Dry, Regional Wine of Attica)
品種：カベルネ・ソーヴィニヨン種８２％、メルロー種１８％
特徴：新しいオークの樽に入れ、地下のセラーで一年間寝かせた後、ボトルで更に１２～１８ヶ月間熟成させたもの。リッチなボディーと素晴らしい香り、長いスムースなフィニッシュ。
飲み頃温度：１８℃。赤身、白身肉、ゲーム料理、チーズとソーセージのようなコショウの効いた食べ物に最適。

ワイナリー紹介

J. BOUTARI & SON – WINERIES S.A.
ブターリ社

■ 設立

　1879年に創業され、ギリシャ、ヨーロッパで最も古いワインメーカーのひとつであり、更にギリシャでは最も規模の大きいワイン製造販売会社です。既に5世代も続く親族経営の会社で、最も著名なギリシャのアペラション オブ オリジン、ナウッサの出。

　創業当時（1879年）ワインは、地元のぶどう生産者、ワイン製造者を通じて売買されていたに過ぎませんでした。当時、ワインは樽で販売されていましたが、ブターリ創業者のジョン・ブターリは、ワインのボトル販売の将来性を見通していました。有名な赤のO.P.A.P."ナウッサ ブターリ"はギリシャワインでは初めてボトルで国内販売されました。それ以降、市場とブターリ社共に、多くの変化を経てきました。

■ ワイナリー

　ギリシャのワイン業界でパイオニア的存在のブターリ社は、巨額の資金と人材を、リサーチ、開発に注ぎ、ハイレベルなリサーチ設備の研究所やワイン製造機具、試験用ぶどう畑を全ギリシャに展開しています。7つのワイナリーは、ナウッサ、グーメニッサ、サントリーニ、クレタ、ピケルミ、マンティニア、ネメアにあり、その内、ナウッサ、サントリーニ、グーメニッサとクレタにあるファンタクソメトホの4つのワイナリーは、一般にも公開されています。現在のボトリングキャパは1,900万本（0.751t）で、将来的には2,160万本を推定しています。現在のワイナリー キャパは22万4千hl。

　ブターリ社では、ギリシャ種とインターナショナルな品種、又はメルローとクシノマヴロやカベルネ・ソーヴィニヨンとアギオルギティコ等をブレンドしたワインを生産しています。ブターリ ワインは、フレッシュな白から樽醗酵したカリスティ ブターリ、赤ではギリシャ唯一のギリシャ・ヌーボーであるブターリ・ヌーボー（マセレイション カルボニーク ヴィニフィケイション）のようなフレッシュ系から熟成した年代物の赤まで、非常にバラエティに富んでいます。

　輸出と国内販売はほぼ同額。事実、ブターリの輸出額はギリシャのワイン業界最高で、全輸出O.P.A.P.ワインの約50％をブターリワインが占めています。現在、世界38ヶ国に輸出されており、過去8年間に渡って、国際的に著名な多くの賞や名誉と共に、その存在感と実力をアピールしてきました。そして、ギリシャのワインメーカーで唯一、アメリカの著名な専門誌"ワイン&スピリッツ"誌にて6回目の"インターナショナル ワイナリー オブ・ザ・イヤー 2002"にノミネートされました。

輸入発売元：サントリー株式会社　商品の問い合わせは「お客様相談室」まで。(03)3470 1168 / 0594

J. BOUTARI & SON – WINERIES S.A.

ワイン・ポートフォリオ

▶ ブターリ ナウサ（赤、辛口、O.P.A.P. ナウサ）
Naoussa Boutari (Red, Dry, Appellation of Origin Naoussa of Superior Quality)
品種：クシノマヴロ種１００％
特徴：ギリシャ初のボトルワインで、ギリシャワインのベンチマーク的存在。深紅色で、リッチなブーケと熟した赤フルーツ系の強い個性が、長い熟成を経て更に増す（シナモン、木）。フルボディーでバランスが良く、強いストラクチャーとソフトなタンニンのフィニッシュ。
飲み頃温度：１６－１８℃。赤身肉のソース添え、黄色いチーズに最適。

▶ ブターリ ナウサ グランド・リザーブ（赤、辛口、O.P.A.P. ナウサ）
Grande Reserve Naoussa Boutari (Red, Dry, Appellation of Origin Naoussa of Superior Quality)
品種：クシノマヴロ種１００％
特徴：ギリシャの赤ワインで初めてのアペラション
フランス製オークバレルで２年間、更にボトルで２年間熟成される。ほのかなドライフルーツとウッディーな香り。熟したタンニンの奔放さが強いキャラクターのワイン。
飲み頃温度：１８℃。ゲーム料理、赤身肉、強い味のチーズに最適。

▶ ブターリ サントリーニ（白、辛口、O.P.A.P. サントリーニ）
Santorini Boutari (White, Dry, Appellation of Origin Santorini of Superior Quality)
品種：アシルティコ種１００％
特徴：サントリーニ産のワインを世界中に知らしめた逸品。今日、ワイン愛好家にとっては必須となっている。生き生きとしたシトラス系の香り。はつらつとしてリッチなボディー、長く強い香りが残る。
飲み頃温度：１０－１２℃。魚介類に最適。

▶ ブターリ ネメア（赤、辛口、O.P.A.P. ネメア）
Nemea Boutari (Red, Dry, Appellation of Origin Nemea of Superior Quality)
品種：アギオルギティコ種１００％
特徴：赤のアギオルギティコ種で有名な、ネメア地方のクラシックなワイン。
深い紫色で、ベルベットの様なテイストとしっかりとしたアフターテイスト。新鮮なアギオルギティコ種の香りと、熟成されたものとが混ざり合う。複雑でまろやか、バランスの取れたワイン。
飲み頃温度：１６－１８℃。あっさりした赤身肉料理や濃厚なチーズに最適。

▶ ブターリ クレティコス（白、辛口、クレタ・トピコスワイン）
Kretikos Boutari (White, Dry, Regional wine of Crete)
品種：ヴィラナ種とクレタ原産の白ぶどう品種から造られたワイン
特徴：優しくシンプルな白ワインで、色は輝くホワイトゴールド、香りは白い花とフレッシュフルーツ、それにバランスの取れたマイルドな酸味がある。
飲み頃温度：１０－１２℃。シーフード、鳥の軽いソース添えに最適。

▶ ブターリ クレティコス（赤、辛口、クレタ・トピコスワイン）
Kretikos Boutari (Red, Dry, Regional wine of Crete)
品種：コツィファリ種、マンディラリア種
特徴：フレッシュな赤ワインで、きれいな色と赤いフルーツとスパイスの優しい香り。滑らかなテイストとソフトなタンニン、バランスの取れた酸味が長く残る。
飲み頃温度：１４－１６℃。パスタ、ロースト料理、強い味のチーズに最適。

CRETA OLYMPIAS
クレタ オリンピアス

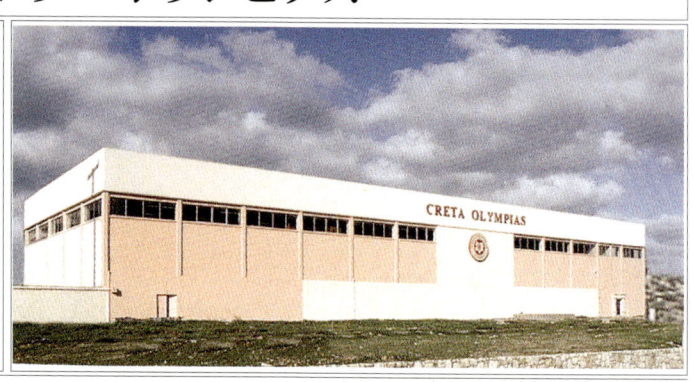

■ 設立

クレタ オリンピアス社は現在、クレタで最も勢いのある企業のひとつです。高品質のワイン製造、ボトリング、流通を手掛けています。ワイナリーは1973年に、美術工房の場を利用し、ニコス カザンザキス区のクナヴィで創業されました。又、このワイナリーはクレタ産赤、白共に最高の品質産出地、アペラション ペザ内に位置しています。同社は1993年まで国内、海外市場でその存在を認められてきましたが、オーナー交代を機に市場開拓と営業で素晴らしい成長を遂げました。新オーナーのマイケル カスフィキス氏はワイナリーの開発と近代化の長期計画を立て、大規模な投資を行い、その結果、投機や周辺地域は実用的なだけでなく視覚的にも改善されました。最新の機具と機械装備を投入し、ワイナリーは、最高級の地元ワイン畑を開発するだけでなく、更に上品な外観を呈するようになりました。

■ ワイナリー

ワイナリーは現在、以下のような装備を整えています：ニトロゲン追加装置、安全バルブ、レベルゲージ付ステンレス製タンク、冷蔵設備、ワインの酒石値安定装置用ステンレス製二重断熱タンク、ワイン熟成用のフランスとアメリカ製のオークバレル、温度、湿度調節システム完備のワインセラー、毎時3,500本を瓶詰めできる最新のボトリングライン、エアコン付配達準段階の製品管理所、設備の整った化学研究室、気圧装置、そして、ワインテイスティングとワインの案内を兼ねながら、訪問客をもてなすための応接室。

同社の当面の目標は、バイオロジカルなぶどうを植樹した、モデル畑を完成させる事です。クレタ オリンピアス社は現在、国内、ヨーロッパの市場に出回る多種類なワインのボトリングを手掛けています。

クレタ オリンピアスのワインは過去2年間に、ロンドン、フランス、ベルギー、テサロニキと日本等で開催された、様々な国際ワインコンクールで、4つの金、8つの銀、そして、7つの銅メダルを獲得しています。

その一例を紹介すると：北京国際ワインチャレンジにて、クレタノビレ白 - 金メダル、テサロニキ・コンコース・インターナショナルにて、クレタノビレ赤 - 金メダル、フランスのチャレンジ・インターナショナル・ドゥ・ヴァンにて、クセロリシィア - 銀メダル、北京国際ワインチャレンジにて、ミランベロ - 金メダル、ブリュッセルのコンコース・モンディアルにて、ヴァン・ドゥ・クレタ白 - 金メダル、日本の国際ワインチャレンジにて、ヴァン・ドゥ・クレタ赤 - 銅メダルを獲得しています。

同社の総務、マーケティング、国内と海外のセールスオフィスはアテネにあり、輸出部門の責任者スタブロス バルビカス氏は、ヨーロッパ、日本、アメリカ、カナダ、ニュージーランド、オーストラリアで精力的に活躍しています。

クレタ・ノビレ（赤、白）オリンピアス（赤、白）輸入発売元：サッポロビール株式会社
商品の問い合わせは「お客様相談室」まで。　(0120)207800

CRETA OLYMPIAS
ワイン・ポートフォリオ

▶ クレタ・ノビレ（赤、辛口、O.P.A.P. ペザ）
CRETA NOBILE (Red, Dry, Appellation of Origin Peza of High Quality)

品種：コツィファリ種、マンディラリア種

特徴：新しい樫の樽に入れ、地下のセラーで一年間寝かせた後、ボトルで更に6ヶ月間熟成させたもの。マンディラリア独特の紫色。スモーク、レザースパイスや熟したフルーツと樫のバニラが調和した香り。口に長く残る、バランスの取れたフルな味わい。

飲み頃温度：18℃。スパイスを効かせたソース添えの肉料理やグリルビーフ、チーズに最適。

▶ クレタ・ノビレ（白、辛口、O.P.A.P. ペザ）
CRETA NOBILE (White, Dry, Appellation of Origin Peza of High Quality)

品種：ヴィラナ種100％

特徴：アリエーバリックで3－5ヶ月熟成させたもの。輝く、緑がかった金色。シトラス系とエキゾチックなフルーツ、樫のバニラを合わせたような複雑な香り。フルボディーで酸味の強い味が長く口に残る。

飲み頃温度：12℃。魚のグリル、シーフード、中華料理や白身肉に最適。

▶ ロディリ（ロゼ、辛口、クレタ・トピコスワイン）
Rodili (Rose, Dry, Regional wine of Crete)

品種：コツィファリ種、マンディラリア種

特徴：輝くピンク色。香りは、酸味のあるチェリー、ストロベリーやバラの花びらとキャンディーを連想させる。味はフルで、ストロベリーが残る感じ。

飲み頃温度：10－12℃。白身肉の軽いトマトソース添えやパスタ、チーズ、デザート類に最適。

▶ オリンピアス（白、辛口、テーブルワイン）
OLYMPIAS (White, Dry, Table wine)

品種：ヴィラナ種

特徴：クレタ原産の白ぶどう品種から造られたワイン。輝くような、緑がかった金色。シトラスフルーツの香りとバランスの良く取れたさわやかな味。

飲み頃温度：8－10℃。シーフード、白身の肉やサラダに最適。

▶ オリンピアス（ロゼ、辛口、テーブルワイン）
OLYMPIAS (Rose, Dry, Table wine)

品種：ヴィラナ種、コツィファリ種、マンディラリア種

特徴：クレタ原産のぶどう品種から造られたワイン。輝くピンク色。ストロベリーのような赤色のフルーツを連想させる香り。優しく、フレッシュな味。

飲み頃温度：10－12℃。白身肉の軽いトマトソース添え、パスタやピザ、サラダに最適。

▶ オリンピアス（赤、辛口、テーブルワイン）
OLYMPIAS (Red, Dry, Table wine)

品種：コツィファリ種、マンディラリア種

特徴：クレタ原産の赤ぶどう品種から造られたワイン。茶色がかった赤。チェリーのような赤色のフルーツ系の香り。フルでバランスの取れた味。

飲み頃温度：16－18℃。肉のグリル、ソース添えの肉料理やチーズに最適。

CRETA OLYMPIAS
ワイン・ポートフォリオ

ギリシャのデザートワイン

▶ **マヴロダフニ（赤、甘口、O.P.E. パトラス）**
MAVRODAPHNE (Red, Sweet, Appellation of Controlled Origin Patras)
品種：マヴロダフニ種、コリント・ブラック種
特徴：深みのある赤色。赤色のドライフルーツやチョコレート、コーヒーを連想させる香り。リッチでジューシーなフルボディーの甘口赤ワイン。そのまま味わっても良し、又はデザートワインとしてドライフルーツ（プラムやイチジク）やチョコレートベースのデザート、チーズ（ロックフォール）などに最適。飲み頃温度：１０－１２℃。

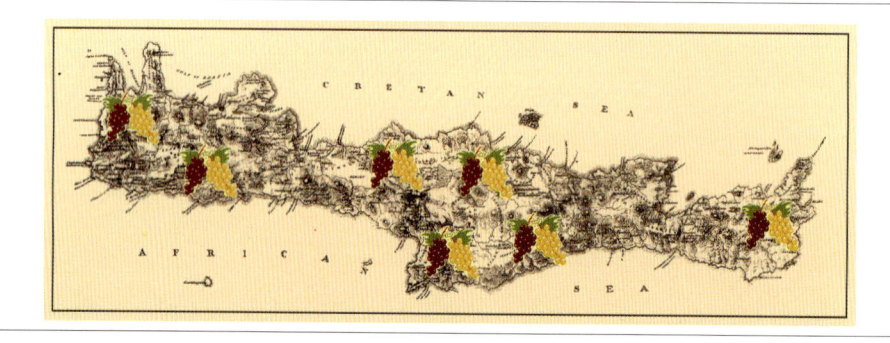

▶ **ヴァン・ド・クレタ（白、辛口、クレタ・トピコスワイン）**
VIN DE CRETE (White, Dry, Regional Wine of Crete)
品種：コツィファリ種、マンディラリア種
特徴：クレタ原産の白ぶどう品種から造られたワイン。輝く緑がかった金色。シトラスやレモンとバナナを合わせたような香り。味はバランスが取れ軽やかで、さわやかさが残る。
飲み頃温度：１０－１２℃。シーフードや中華の甘酸っぱいソース添え料理、白身肉に最適。

▶ **ヴァン・ド・クレタ（赤、辛口、クレタ・トピコスワイン）**
VIN DE CRETE (Red, Dry, Regional wine of Crete)
品種：ヴィラナ種
特徴：クレタ原産の赤ぶどう品種から造られたワイン。茶色がかった紫色。赤色のフルーツとスパイスの香り。ベルベットのようなタンニンと柔らかくフルーティーな味が残る。
飲み頃温度：１８℃。赤身肉のローストやキャセロール、熟成したソフトチーズに最適。

▶ **レツィーナ（白、辛口、伝統的なアペラションワイン）**
RETSINA (White, Dry, Traditional Appellation Wine)
品種：ヴィラナ種
特徴：クレタ原産の白ぶどう品種から造られたワイン。輝く黄色。フルーティーでデリケートな香り。味はバランスの取れた柔らかいフルーツとほのかな松やにの味が残る。
飲み頃温度：８－１０℃。シーフード、白身肉、サラダやアペタイザー類、そしてギリシャ料理に最適。

ヴァン・ド・クレタ（赤・白）、レツィーナの輸入発売元：株式会社アドリアインターナショナル
商品の問い合わせは「お客様相談室」まで。(03)5473-8071

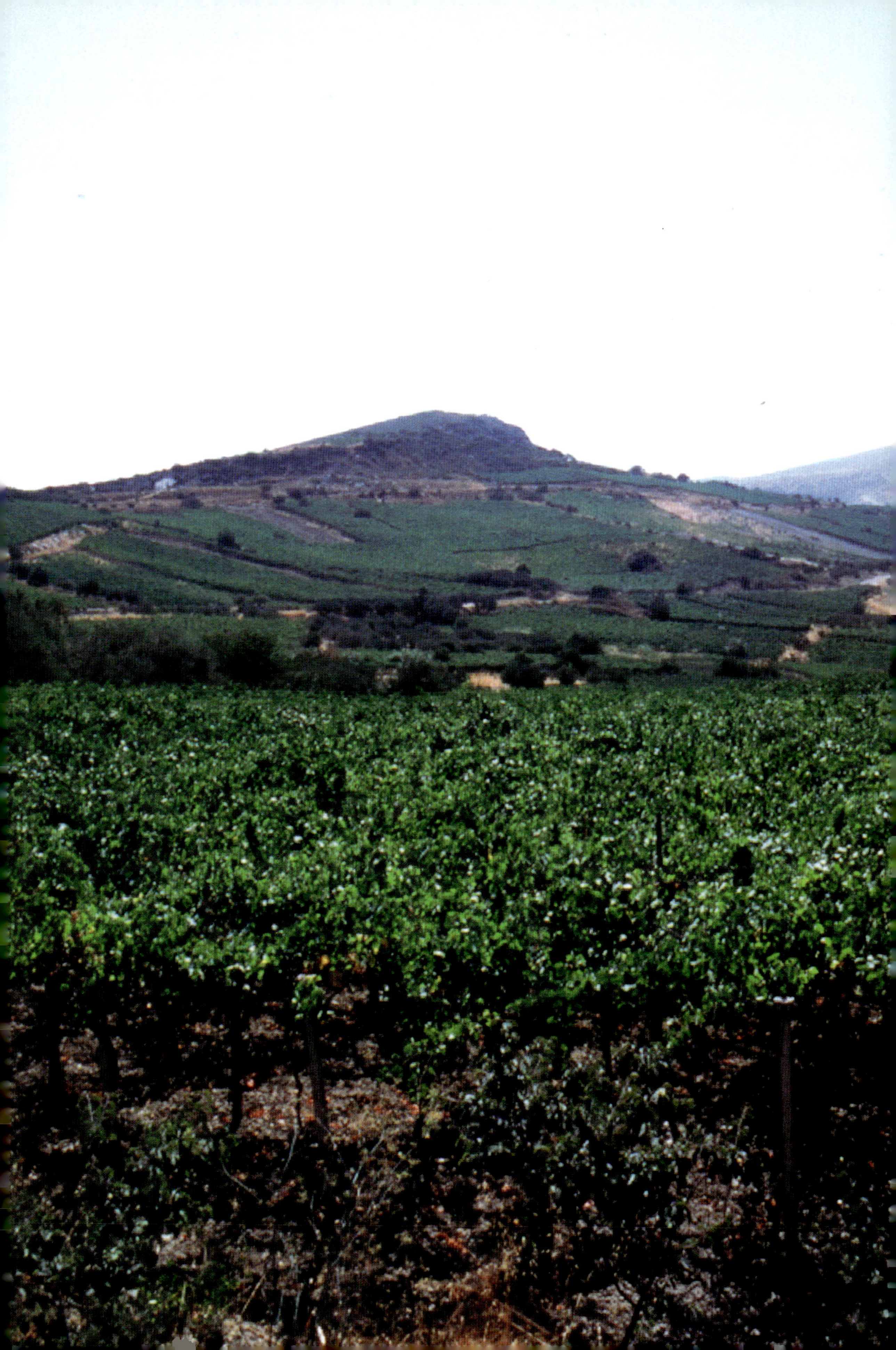

DOUGOS ESTATE
ドウゴス・エステート

■ 歴史

　ディミトリス・ドウゴスはぶどうの根分けを職業としており、1983年ワインとぶどうへの情熱から素人で醸造を始めました。O.P.A.P. 生産地域へ旅して取引相手から最高のぶどうを買い付けて自分と友人のためにワイン造りを始めました。ラリサ市のように小さな地方都市ではグッドニュースは素早く広がり、その内多くのワイン愛好家たちが彼の所へ来てワインを試飲し、その素晴らしいワインを購入するようになりました。大きな世評は都市を超え、1992年には彼を市場へと導き、自分のぶどう畑を所有し、ビン詰ワインを生産するため小さな伝統的醸造所を建てるに至りました。現在この事業を農学者の息子であるタノスと、化学を学び、生態学者でもある娘のルイザが引き継いでいます。

■ ぶどう畑

　ドウゴスの畑はラプサニのプロシリアの標高450-550mに位置してます。ぶどうは2m間隔で列状に植えられ、列の苗木間隔は1.10mとなっています。土壌は有機物質が豊富な岩石状で、栽培高品質のぶどう生産には理想的な微気候の土地です。栽培は環境保全と健康のためにバイオへ移行する段階（D.I.O）にあります。ぶどう畑ではギリシャ品種のクシノマヴロ種、ラプサニのクラサト種、スタヴロト種、リムニオ種、ロディティス種、バティキ種、アシルティコ種と、フランス品種のシャルドネ種、メルロー種、シラーズ種、カベルネ・ソーヴィニヨン種、カベルネ・フラン種、グルナッシュ種が栽培されています。栽培は約10aあたりの収穫量が1tを越えることのない乾地栽培です。

■ 醸造所

　オリンポス山麓でイテア村近くの魅惑的なテンバ平野で、国道高速道路から1kmのところに位置しています。40haの用地に醸造所が建てられていて、29のぶどう品種を収めてある展示会場、ピニオス川をのぞむキサヴォの風景とアンベラキアの歴史遺物がある緑の中庭があります。建物面積は450㎡で地下に250㎡の貯蔵室があります。伝統的な建築様式の建物と近代的な醸造技術機器を備え、伝統と環境保護を両立させています。

■ 将来への抱負

　少量で高品質のワイン醸造を行いつつ、会社が持つ家族的特徴を残します。また、情熱、愛を持って仕事を続け、1本のワインを楽しまれるとき、愛と情熱を皆様と分かち合うことです。

DOUGOS ESTATE
ワイン・ポートフォリオ

▶ **メシスタネス（赤、辛口、テーブルワイン）**
METHYSTANES (Red, Dry, Table wine, 9.450 Bottles)
品種：クシノマヴロ種、クラサト種、スタヴロト種
特徴：クラシックな赤、フランスのアリエー、ヴォスグ製オーク樽で熟成。樽で１年間、またビン詰めをして２年間過ごす。ルビー色、豊潤、なめらかで力強い。　熟成：１０－１２年、
飲み頃温度：ジョッキに移し替えてから１８－２０℃。赤身肉料理、伝統的なピザ。

▶ **メシスタネス（白、辛口、テーブルワイン）**
METYSTANES (White, Dry, Table wine, 11.800 Bottles)
品種：アシルティコ種、バティキ種、ロディティス種
特徴：クラシックな白。緑黄色、芳香、まろやか。
飲み頃温度：９－１１℃。白身肉料理、前菜、柔らかなチーズ

▶ **クティマ・ドウゴス（白、辛口、テーブルワイン）**
KTIMA DOUGOS (White, Dry, Table wine, 5.500 Bottles)
品種：アシルティコ種、ロディティス種、シャルドネ種
特徴：クラシックな白。金色、フルーツの香り、バランスが取れている。
飲み頃温度：８－１０℃。白身肉料理、魚、サラダ、柔らかなチーズ

▶ **メシモン（赤、辛口、テーブルワイン）**
METH-YMON (Dry, Red, Table wine,950 Bottles)
品種：カベルネ・フラン種、カベルネ・ソーヴィニヨン種、シラーズ種、メルロー種、リムニオ種、バティキ種
特徴：クラシックな赤、フランスのアリエー製オーク樽で熟成。樽で１年間、またビン詰めをして２年間過ごす。紫色、豊潤・豊満でなめらか。
飲み頃温度：１８－２０℃。赤身肉料理、ジビエ料理、ピザ、香辛料入りチーズ。

▶ **メシモン・フュメ（白、辛口、テーブルワイン）**
METH-YMON Fume(White, Dry, Fume Table wine, 850 Bottles)
品種：ロディティス種１００％
特徴：クラシックな白、フランスのアリエー製オーク樽で熟成。黄金色、潤沢、まろやか。
飲み頃温度：８－１０℃。貝料理、前菜、魚のグリル、サーモン、燻製チーズ

ENOTEKA EMERY
エノテカ・エメリ

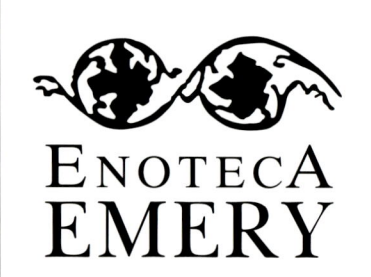

■ 設立

エメリは1923年にイタリアの支配下（1912－1945）にあったロードス島で創立されました。当初よりドデカネーズで最も大規模でモダンなスピリッツとワイン会社で、いつも信念に基づき味と伝統を大切にしてきました。会社は一族によって所有、経営され、ワインとスピリッツの生産だけでなく流通にも携わっています。

1920年代初め、会社はスピリッツ用にアルコールを製造しました。1966年にスパークリングワインとワイン生産のため子会社が設立されました。ワイン事業が急成長を遂げると、1974年にトリアンダフィルゥ兄弟は近代的なワイナリーを設立する一大決心をしました。このワイナリーはアタヴィロス山の標高700mに位置するエムボア村にあり、ぶどう品種の充実ぶり、アシリ種とアモルジャーノ種（マンディラリア種）と少ない収穫量、それに中世から受け継がれるぶどう栽培の伝統で有名な場所です。エメリは、最新のテクノロジーを駆使した設備を施し、全国的にこの業界（ステート・オブ・ジ・アート・ワイナリー）ではトップにランクされています。ワイナリーは広さが15haで、約5,000平米ものスペースがあります。

■ ワイナリー

同社はぶどう畑を所有していませんが、トリアンダフィルゥ一家のぶどう栽培業者との長年に渡る親密な関係と、一家の継続的献身と努力が、長年に渡り上質ワイン造りを可能にしました。またぶどうが栽培されている山岳地帯にワイナリーを設立する事で、ぶどう農民とその家族たちの年間を通した雇用に貢献しています。現在、エメリはぶどう栽培者と長期契約を結び、栽培に関する全ての要素をコントロールすると同時に、ノウハウを提供しています。

トリアンダフィルゥ一家の2代目が事業に深く携わり、3代目は更にブティック・ワインとスパークリングワイン生産に関わり、エメリの将来は更に成功に向かっているかのようです。質は年々向上し、最新の商品が紹介され、新しい市場が開拓され、輸入が増大し、会社と顧客の関係はより密に強化されています。

■ ロードス島のぶどう畑とぶどう種

ロードス島のぶどう畑は今までフィロキセラを経験していません。そのため、多くのぶどうの樹齢は50－60年です。エメリが毎年生産する700～800トンのマストの内90％以上が、標高720mにある長期契約のぶどう栽培者から供給されたものです。

年間を通して降り注ぐ太陽、一定した高い降雨量、5－9月に吹く涼しい海風がロードスのぶどう畑に恵を与えています。収穫は早く、8月20日頃に始まり、7－10日間で終了します。

エメリワインは二つの地元品種から製造されています：

■ アシリ種：明るい緑がかった金色で、小粒でジューシー。そのワインは、フルーティーでフレッシュ、ソフトな香りと鮮明な色が全ての感覚を喜ばせてくれます。ぶどうの品種と天候により、収穫量は少なめです。

■ アモルヤノ種（マンディラリア）：珍しい、エーゲ海の島々と主にクレタ島の赤品種。フルーティーでソフトな香り、ルビーとヴァイオレットが交じり合ったようなロゼワインと、強い香りにスパイシーなタッチがある、ダークで温かみのある紅色の赤ワインを造ります。

ENOTEKA EMERY

ワイン・ポートフォリオ

▶ ヴィラレ（白、辛口、O.P.A.P. ロードス）
VILARE (White, Dry, Appellation of Origin Rodes of Superior Quality)

品種：アシリ種１００％。 アタヴィロス山の北西斜面、標高８００メートルの辺りに位置する小規模の分散したぶどう畑で育った、選りすぐりのぶどうを使用。収穫は早朝、２３－２５℃に行われます。糖度はその年により多少違いがあるものの、白品種は大体１１－１２ボームです。緑がかった金色、滑らかで活き活きとしたフルーティな香りにベルベットのテイスト。
最適温度は１０－１２℃。白身肉と鳥、魚やオイスター、ソフトな味のチーズ、前菜に最適。

▶ グランロゼ（ロゼ、辛口、テーブルワイン、ロードス島）
GRANROSE (Rose, Dry, Table wines)

品種：アモルヤノ種１００％。
アギオス・イシドロスの厳選されたぶどう畑で採れたぶどうを使用。明るいルビー色でリッチなヴァイオレットを感じさせ、上品な香りとソフトでベルベットなテイスト。
最適温度は１０℃。ソフトな味のチーズ、前菜、サラミ、白身肉と鳥、魚やオイスターに最適。

▶ アシリ（白、辛口、O.P.A.P. ロードス）
ATHIRI VOUNOPLAGIAS (Red, Dry, Appellation of Origin Rhodes of Superior Quality)

品種：アシリ種１００％
エムボン地方、アタヴィロス山の北西斜面、標高６００メートルにある選りすぐりのぶどう畑で採れたぶどうを使用。ぶどうの樹齢は15-18年。金色掛かった緑、ライトで活き活きとしたフルーティな香り、バランス良いベルベットテイスト。
最適温度は１０－１２℃。魚やオイスター、白身肉と鳥、ソフトな味のチーズ、前菜に最適。

▶ ザコスタ（赤、辛口、O.P.A.P. ロードス）
ZACOSTA (Red, Dry, Appellation of Origin Rhodes of Superior Quality)

品種：アモルヤノ種１００％
アタヴィロス山の標高500メートルに位置するアギオス・イシドロス地域にある選りすぐったぶどう畑の樹齢２０年のぶどうを使用。熟成の最終段階で、フランス製オークバレル（220lt.）で最低６ヶ月間、最終的にボトルで４ヶ月間寝かされます。
暖かい赤色、滑らかでフルーティな香り、リッチでバランスが良く強いアフターテイスト。
最適温度は１６℃。赤身肉料理、鳥料理、香りの強いチーズなど。

▶ キャッスル・デ・ロードス（赤、辛口、O.P.A.P. ロードス）
CASTLE DE RHODES (Red, Appellation of Origin Rhodes of Superior Quality)

品種：アモルヤノ種１００％。キャッスル・デ・ロードス。アタヴィロス山の斜面の標高500－600メートルに位置するエムボナとアギオス・イシドロス地域にある樹齢15年のぶどうを使用。クラシックな赤、ヴィニフィケーションと６ヶ月間のオークバレル（220lt.）での熟成、更にボトルで２年間寝かされます。暖かい赤色、リッチなブーケ－薫り高い上質ワインで、濃厚でフルなアフターテイストが口に広がります。
最適温度は１８℃。強いチーズ、フォアグラ、鳥料理、あっさりした味付けの赤身肉料理

▶ グラン・プリー（辛口・やや辛口、ナチュラルスパークリングワイン）
GRAND PRIX (Brut & Demi Sec, Natural Sparkling Wine.)

品種：アシリ種１００％。
特徴：ナチュラル・スパークリング・ワイン。ロードスのアタヴィロス山（エムボナ）北西の斜面、標高720メートルに位置するぶどう畑で採れたぶどう。２回目の長期醗酵熟成期間を経たワイン（最低２年間ボトルで寝かされます）。明るい緑掛かった黄金色。ソフトでフルな香り。ペッパーのような味が小さな気泡で更に濃厚さを増します。ドライなフィニッシュ。最適温度は１０℃。前菜や主菜に合います。

EVHARIS ESTATE
エフハリス・エステート

■ 歴史

エヴァ・ボエーメとハリス・アントニウ、二人の名前を合わせて、エフハリス、そして彼らの有名なワインにも、この名が付けられました。アテネ郊外、コリントへ向かうメイン道路のはずれ、業界をリードするエヴァとハリスの二人はギリシャの伝統的ワイン製造文化を重んじ、生涯の夢を託して、ここゲラニア山の斜面に夢のようなぶどう畑を現実にしました。

建設業界の実業家で、心身ともにドイツのヴィニカルチャー伝統に傾倒しているエヴァーマリア・ボエーメは、建築－空間・環境デザインコンサルタントの職業を活かし、ゲラニア地方のワイン製造再来にリーダー的活躍を遂げました。伝統的なぶどう圧搾機の残骸が、あちらこちらに捨てられていた一帯にあった、古いぶどう畑を新しくモダンなぶどう畑に造り替え、既にあった石造りのワイナリーを建て増しし、気の遠くなるほどの時間を費やして建築状況を監督し、彼女は遂に芸術的なワイナリーを完成させました。

観光業界の著名な実業家であったハリス・アントニウが全力を持って、"彼の新しいベンチャー"を監督、経営しています。彼のぶどう畑の状況からワイン製造にいたるまで全ての段階で彼自身が目を通し、それぞれの仕事に最高のスタッフが揃っている事を確認しています。上質のギリシャワインを造り、国内外で数多くの名誉と賞を受けているのも彼らのお陰なのです。

■ ぶどう畑

15年間に渡って大事に育てられたぶどう畑は、50haで、メガラ近郊のペフケネアスとムルティザ地区を囲む丘にあり、厳選された品種のみが植えられています。土はカルシュームと微量元素が豊富で、以前は淡水湖だった場所で海に近く、暖かい冬と涼しい夏はぶどう栽培に最適のエコシステムを備えた環境を提供してくれます。

■ エステート

カルシューム豊富で肥沃なムルティザのぶどう畑では、アシルティコ種、ロディティス種、アシリ種、又はソーヴィニヨン・ブラン種、シャルドネ種、カリニャン種、シラーズ種、メルロー種、グルナッシュ種が栽培されており、近代的なワイナリー設備と構造技術によって上質のワインへと変貌を遂げています。

ワイン生産は一貫して同社のワイナリーで行われます。収穫、除梗作業、マストのタンク移動は慎重に重力と気圧機の圧力を使って行われ、温度調節付きのステンレス製タンク（INOX）で醗酵され、全てはスムーズに最良のタイミングで行われます。更に、地下の温度調節を施したセラーにて、フランス製オークバレルの中でワインは熟成されます。エフハリス　エステートで造られた、白、ロゼ、赤、全てのワインのラベルには"ゲラニア産ワイン"の名誉アペラションが記してあります。更に、品質の向上を追求し続けるその努力を称され獲得した数々のメダルと賞は、最終的にゲラニア地方全体をプロモートする結果となりました。

農業学者の監督下により近くのぶどう畑で育った幾つかのぶどうから、エステートワイナリーで二種類のフレッシュでフルーティな、"イラロス"と言うドメン産のワインと同じレベルのワインを造っていました。エヴァとハリスの上質ワインへの情熱は、すばらしいワインという形をもって一般消費者へと静かに、ゆっくりと浸透していきました。そして、最も気難しいワイン通の舌も満足させる事でしょう。

EVHARIS ESTATE
ワイン・ポートフォリオ

▶ **エフハリス・エステート（白、辛口、ゲラニア・トピコスワイン）**
EVHARIS ESTATE (White, Dry, Regional wine of Gerania)
品種：アシルティコ種、シャルドネ種、ソーヴィニヨン・ブラン種。エステート所有、ワインストックは１１年、カルシュームを含み、適度な構成バランスと肥沃な土。標高370m、暖冬で涼しい夏に恵まれ、降水量が多いのも微気候の特徴です。
特徴：アシルティコとシャルドネ、ソーヴィニヨン・ブランの素晴らしいコンビネーションが、優しい黄緑色と強いフルーティで、まるやかなボディーのバランス良い、長いフィニッシュのテイストを造りあげています。海の幸、白いチーズに最適。

▶ **エフハリス・エステート（ロゼ、辛口、ゲラニア・トピコスワイン）**
EVHARIS ESTATE (Rose, Dry, Gerania Regional wine)
品種：シラーズ種、メルロー種、グルナッシュ種。２２haのぶどう畑で栽培されたもの。
特徴：ハッキリとした性格のシラーズとメルロー、地中海グルナッシュ　ルージュは、全て別々にヴィニフィケーションタンクに抽出されます。その後、２週間の醗酵過程を経、12ヶ月間熟成されます。洗練されたブーケ、バニラの香り、強いボディーと優しいタンニン、魅力的なベルベットのフィニッシュテイスト。飲み頃温度：１０－１２℃。肉料理と黄色いチーズに最適。

▶ **エフハリス・エステート（赤、辛口、ゲラニア・トピコスワイン）**
EVHARIS ESTATE (Red, Red, Gerania Regional wine)
品種：グルナッシュ種１００％。ぶどう収穫開始時期：８月末、２００１年８月２９日（伝統的手作業）
特徴：グルナッシュのロゼ専用抽出法を用いて、後にロゼ系のぶどうのアルコール度調節醗酵を施し、二重壁のINOX貯蔵庫で18℃に保ち自然に安定させます（冷却は－5℃）。
プロポーションが良く、ローズの豊かな香りとフローラルなアフターテイスト。
飲み頃温度：１６－１８℃。スパイシーな前菜、シーズンサラダ、パスタ、白いチーズに最適。

▶ **アシルティコ（白、辛口、ゲラニア・トピコスワイン）**
ASSYRTIKO (White, Dry, Gerania Regional wine)
品種：アシルティコ種１００％
特徴：アルコール度調節醗酵を施し、二重壁のINOX貯蔵庫で１８℃に保ち自然に安定させ（冷却は－5℃）、限定された手法で生産性を高めています。黄金色の魅力的な姿と、シトラスフルーツの香りと、新しいオークバレルで２－３ヶ月間寝かされた為、エキゾチックで濃厚な味を有しています。味覚にうるさいワイン通も喜ぶ、優しく珍しいキャラクターです。スパイシーな前菜、シーズンサラダ、パスタ、白いチーズに最適。飲み頃温度：１０－１２℃。

▶ **イラロス（白、辛口、テーブルワイン）**
ILAROS (White, Dry, Table wine)
品種：サヴァティアノ種、ロディティス種、モスホフィレロ種
特徴：全てのぶどうは、軽い圧力と温度調節下で別々に抽出されます。黄緑色で透明な、香りの強いワインです。バランスの良い味と、質－値段、３種類の上質な品種がユニークに融合した逸品。
飲み頃温度：１２℃。サラダ、オードブル、海の幸に最適。

▶ **イラロス（赤、辛口、テーブルワイン）**
ILAROS (White, Dry, Table wine)
品種：アギオルギティコ種、グルナッシュ種
特徴：有名なネメアのアルプロカムボスに所有する区画にある、25年もののゲラニアのグルナッシュぶどう畑。収穫は９月末、２００１年９月２８日。ぶどうは別々に抽出され、INOX貯蔵庫で醗酵されます。ルビー色、フルでラウンド、バランスの良い味と質－値段のワインです。
飲み頃温度：１８℃。肉料理と黄色いチーズに最適。

ワイナリー紹介

GEORGA'S FAMILY
ゲオルガス・ファミリー

■ エステート

ゲオルガス・ファミリー一族の何世紀にもわたるワイン造りの伝統と、ダイナミックなオーガニックワイン生産の厳しい規則を守り、保証されたオーガニックぶどうから（DIOによりオーガニックに公認）、少量の上質ワインを造り出す事に誇りを持っています。

ゲオルガス・ファミリー所有のぶどう畑は、伝統的なぶどう栽培地で"メソゲア"地域にあります。地名は古代ギリシャ語のメソ"中心"とゲア"大地"を意味し、現在は中央ギリシャ、アッティカ半島中心部の標高が低く日当たりの良い乾燥した台地を指しています。何世紀もの間、文化とヴィティカルチャーの中心地で、アテネから近く海の側に位置しています。約10haある一家のぶどう畑－小規模の健全なエコシステム－は1988年にEU規定2091/91と、DIO、IFOAMのメンバーEL-BG002の全検査を通り、オーガニック・ヴィティカルチャーに公認されました。そのため、化学薬品（防腐剤、殺虫剤、化学肥料）は、ぶどう栽培とヴィニフィケーション過程で一切、使用されていません。

サヴァティアノは古来からのぶどう品種で、伝統的に何世紀もの間、メソゲアの乾燥したカルシュームを含む泥灰土で良く育っています。オーガニック・ヴィティカルチャー（有機栽培）に良く適応し、天候とぶどうの樹齢によりますが、1haにつき4－8トンの収穫をもたらします。

■ 有機栽培ヴィティカルチャー

"上質ワインはオーガニックぶどう畑に始まり、ワイナリーに集約される"とは、上質ワインを定義する最高の表現であるオーガニックワインを造る事に対する会社の信条です。オーガニックなワイン製造方法は、サヴァティアノ種のフレーバーを生かしたまま、出来るだけ添加物を使わずにボトリングされます。全てのワインに対し、動物性添加物やアルブミン、カゼイン、ゼラチン、魚油等の使用は一切行っておらず、亜硫酸塩の使用も大変低いので、ベジタリアン（ヴェガンワイン）として最適です。

■ 2001年ヴィンテージ

2001年度の白ドライワインの生産量は、25,000本でした。約3分の1がEUと北ヨーロッパのオーガニック市場に輸出されました。

GEORGA'S FAMILY
ワイン・ポートフォリオ

▶ スパタ（白・辛口、スパタ・トピコスワイン、オーガニック栽培の
　ぶどうから造られたワイン）　　　　　　　　　　　　　　　　　　**有機栽培**

動物性添加物を使っていないヴェガンワイン。DIOによりオーガニックに公認。
SPATA (White, Dry, Regional wine of Spata)
品種：サヴァティアノ種１００％
特徴：12,5 ％ Vol.、0.751tのボトルで、6,500本。熱いアッティカの太陽の元、乾燥した海岸沿いのぶどう畑で育ったオーガニック・サバティアノ種から造られた、ナチュラルなフルーツの味と香りがある地中海のフレッシュな辛口白ワイン。
最適温度は７－９℃。ピュアでフレッシュなブーケが、ライトな地中海料理やチーズとサラダに最適。

▶ レツィーナ（白、辛口、伝統的なアペラション、オーガニック栽培
　のぶどうから造られたワイン）　　　　　　　　　　　　　　　　　**有機栽培**

動物性添加物を使っていないヴェガンワイン。DIOによりオーガニックに公認。
RETSINA (Organic, White, Dry, Appellation by Tradition Mesogia)
品種：サヴァティアノ種１００％
特徴：１２ ％ Vol.、0.751tのボトルで、12,000本。熱いアッティカの太陽の元、海岸沿いのぶどう畑で育ったオーガニック・サバティアノ種から造られた、ギリシャ伝統の白ワイン。ピュアな松脂を数滴ブレンドしたオリジナルな味を損なう事無く、添加物や除外物のないアルコール度12％のマイルドなオーガニックワイン。
最適温度は７－９℃。全ての地中海料理と、肉やバーベキュー、サラダに最適。

▶ レツィーナ（白、辛口、伝統的なアペラション、オーガニック栽培
　のぶどうから造られたワイン）　　　　　　　　　　　　　　　　　**有機栽培**

動物性添加物を使っていないヴェガンワイン。DIOによりオーガニックに公認。
RETSINA (Organic, White, Dry, Appellation by Tradition Mesogia)
品種：サヴァティアノ種１００％
特徴：１２ ％ Vol.、　１Lのボトルで、12,000本。熱いアッティカの太陽の元、海岸沿いのぶどう畑で育ったオーガニック・サバティアノ種から造られた、ギリシャ伝統の白ワイン。ピュアな松脂を数滴ブレンドしたオリジナルな味を損なう事無く、添加物や除外物のないアルコール度12％のマイルドなオーガニックワイン。
最適温度は７－９℃。全ての地中海料理と、肉やバーベキュー、サラダに最適。

レツィーナの一言

　松脂－地元種（ピヌス・ハレペンシス）の松から採れたナチュラルで新鮮なレジン（松脂）－は早くからその優れた保存性で有名でした。伝統的には、古代（紀元前1700）クレタ人のイノロジストによって、祭事のためワインの保存用として紹介されました。古代の容器や料理機具などに付着していたオーガニックの残留物を初めて化学調査し証明されました。
　現在、伝統と軽い当りの辛口白ワインへの需要に応える為、オーガニックなサバティアノ種のマストと新鮮な地中海種の松脂を数滴ブレンドしています。結果として、メソゲア伝統と原産の軽い辛口で上質のゲオルガ・ファミリー・レッツィーナを造り出しています。
　エキセントリックなキャラクターのギリシャ・レツィーナ・ワインは、決して飽きさせません！　むしろテーブル白ワインとして、食べる事と飲む事が永遠のプロセスである、地中海料理のディナーのお供に最適です。濃厚な味のフライやオイリーな料理、スパイシーな料理、それからバーベキュー等にはとっておきです。まだ若くフレッシュで弾けるフルーツの香りがある内によく冷やして飲むか、若しくは熟成させ、レジンのドライさが口の中でより強くなってからが飲み頃です。

DOMAINE GEROVASSILIOU
ドメーヌ・ゲロヴァシリウ

■ 歴史
ドメーヌ・ゲロヴァシリウのヴィティカルチャー事業は、33haのぶどう畑と、内装、外観共に美しいモダンなワイナリーを所有しています。

■ ぶどう畑
所有するぶどう畑は、テサロニキから約25km南西のエパノミに位置し、3辺が3kmほど離れた海に面しています。最初の植樹は、1983年に4.5haの父方のぶどう畑で行われました。この地方のぶどう栽培はビザンチン時代に遡り、他にも地元産物の質の良さから、カリ・メリア（良い土地の意）と言う名で呼ばれました。ぶどう畑の土質は、上層がさらさらしていて、下層はクレー土、輸入材料等（海の化石類等）で出来ています。ぶどう品種のセレクションは、ギリシャ原産のアシリティコ、マラグジア、インターナショナルな白品種のソーヴィニヨン・ブラン、シャルドネ、ヴィオニエ、そして赤はシラーズ、メルローやグルナッシュ。特にサントリーニ産のアシリティコ種は、この地方の天候に驚くほど良く適応しました。テサロニキのヴィニカルチャー、アリストテレス大学のヴァシリス ロゴセティス教授が、絶滅の危機に瀕していたギリシャ原産種を含めた、スタンダードなぶどう畑をシャトーカラスに創造したのは今でも忘れられません。ヴァンゲリス・ゲロヴァシリウはそのぶどう畑で働いていて、マラグジア種でのワイン生産を試み、初めてこの品種でボディーと香りのある上質のワインを造り出す事に成功しました。

■ ワイナリー
◎ プロダクションエリア

ワイナリーは1986年に建てられ、1990－1994年の度重なる工事を経て、1999年に現在の姿になりました。プロダクション エリアには自動冷却装置付きステンレス製醗酵タンク、安定タンク等が装備されている。またボトリング エリアでは、ワインのボトリングの他、清浄、注入、コルク付け、ラベル張りを行っています。

◎ 熟成－エージングセラー

白ワインの一部と全ての赤ワインは生涯の内、ある一定期間をこの地下にある部屋で過ごす事になります。安定した温度と湿度の元、225リットルのオークバレル内であらゆる可能性に向かって育っていきます。

■ ワイナリー内のミュージアムエリア
ワイナリー内のミュージアムには、何世紀も前の珍しいスクリュープレス器や古いバレル修理道具、刈り入れナイフ、農器具、コルクスクリューのコレクション等、ギリシャでそれぞれユニークで特徴ある品々が揃っています。

創業年：1983，従業員：16名
年間生産量：250,000本
輸出：全生産量の20%

DOMAINE GEROVASSILIOU
ワイン・ポートフォリオ

▶ ドメーヌ・ゲロヴァシリウ（白、辛口、エパノミのトピコスワイン）
Domaine Gerovassiliou (White, Dry, Regional wine of Epanomi)
品種：アシルティコ種５０％、マラグジア種５０％
特徴：輝く緑がかった金色。ほのかなエキゾチックフルーツとペッパー、オレンジ、ジャスミン、ハーブ、レモンを思わせる表現豊かな香り。先ず柔らかさが口に広がり、後に濃厚さと優しく新鮮なレモン味がハーモニーを奏でる。２年以内のものが最良。シーフード、白身肉のあっさりソース添え、パスタ、あまり強くないフレーバーの料理。飲み頃温度：８－１０℃。

▶ ドメーヌ・ゲロヴァシリウ（赤、辛口、エパノミのトピコスワイン）
Domaine Gerovassiliou (Red, Dry, Regional wine of Epanomi)
品種：シラーズ種８５％、メルロー種１５％
特徴：輝く深紫色。スパイシーなブーケと熟したブラックベリーなどのフルーツ系にトーストの香り。ソフトなタンニンとフルーツが強い印象とバランスを取っている。ロングでスパイシーな味が残る。マロラクティク醗酵過程を経て、新しいフランス製オークバレルで、１２ヶ月間熟成。精製したり、フィルターを通さず、ボトリングされている。ゆっくり時間を掛けて熟成させる可能性を秘める（１０－１５年）。
飲み頃温度：１６－１８℃。ゲーム料理、スパイシーな赤身肉、熟成したチーズ。

▶ マラグジア（白、辛口、エパノミのトピコスワイン）
Domaine Gerovassiliou Malagouzia(Dry, White, Regional wine of Epanomi)
品種：マラグジア種１００％
特徴：輝く緑がかった金色。エキゾチックフルーツ、オレンジ、ジャスミン、ハーブ、レモンを思わせる表現豊かな香り。先ず柔らかさが口に広がり、後に濃厚さと優しく新鮮なレモン味がハーモニーを奏でる。２年以内のものが最良。飲み頃温度：８－１０℃。
魚料理、刺身、たこのグリル、パスタ、マイルドな味付けの料理。

▶ ドメーヌ・ゲロヴァシリウ・シャルドネ（白、辛口、エパノミのトピコスワイン）
Domaine Gerovassiliou Chardonnay (White, Dry, Regional wine of Epanomi)
品種：シャルドネ種１００％
特徴：ぶどうプレスの後、スキンコンタクトで皮をぶどう液と一緒に寝かせ更に２２８リットルの新しいオークバレルで醗酵させる。皮はよりリッチなボディーと香りが出るまで、約７ヶ月間寝かされる。深みのある黄金色。シトラス系の香りがバックグランドに隠れたタバコとナッツと調和している。フルでリッチな味わい、熟成の可能性を秘める。飲み頃温度：１０－１２℃。シーフード、脂ののった魚や白いソース添えのスモークした魚料理、貝類等に最適。キャビアにも最高。

▶ ドメーヌ・ゲロヴァシリウ・ヴィオニエ（白、辛口、エパノミのトピコスワイン）
Domaine Gerovassiliou Viognier (Dry, White, Regional wine of Epanomi)
品種：ヴィオニエ種１００％
特徴：このワインはフランス製バレルで皮と共に寝かされ、クリーミーさを出すため頻繁にかき混ぜられる。樽内で７－８ヶ月間熟成し、精製してボトリングされる。美しいわらのような色。軽いフローラルな香りと、ハチミツ、ピーチ、微かなアプリコット、グレープフルーツ。フルボディーで、オークのアクセントがあるまろやかなフィニッシュ。セラーで２－３年寝かすと、ボトル内でしか育たないニュアンスのある香りを提供してくれる。飲み頃温度：１１－１３℃。

▶ ドメーヌ・ゲロヴァシリウ・シラーズ（赤、辛口、エパノミのトピコスワイン）
Domaine Gerovassiliou Syrah (Dry, Red, Regional wine of Epanomi)
品種：シラーズ種１００％
特徴：深い紫色。甘いブーケと熟した赤いフルーツがバックグラウンドのオークと調和している。このワインはコンセントレーションがあり、２０００年に生産されたこの地域の赤ワインの特徴でもある深みある色とフレーバーが備わっている。
飲み頃温度：１６－１８℃。ゲーム料理やスパイシーな赤身肉、熟したチーズに最適。

DOMAINE GIOULIS
ドメーヌ・ギュリス

■ **設立**

長年の経験から、1993年にギリシャで最も優れたぶどう園のひとつが完成しました。 コリント、クリメンティの海抜750mもの高い丘にカベルネ・ソーヴィニョン品種が栽培されました。

ドメーヌ・ギュリスでは、同名の地元ワインを製造しています。

テクニカル アドヴァイザーはテサロニキ、アリストテレス大学の農学者で、フランスのボルドーII大学のワイン学者、及びワインテイスターでもあるジョージ・ギュリスです。

ドメーヌ・ギュリスは直系の親族経営企業です。

■ **有機栽培ヴィティカルチャー**

ぶどう栽培は97年2月18日からDIO機関に承認されたオーガニック栽培。ぶどうの精製、ワイン生産、熟成は全て、ぶどう畑の隣にある新しい施設で行われています。この施設は最新のテクノロジーを用い、特別な温度調整機能を備えています。（醗酵－熟成は18℃）

山岳地帯にぶどう畑があるというのは理想的で、最高のワイン製造に欠かせない、ぶどうの適度な香りと酸味を増してくれます。

又、高地の環境は以下のような、ぶどうを完全にオーガニック栽培するための完璧なツールとなっています：

- 害虫が無いため、殺虫剤を使用する必要が無い。
- ペロノスフォラ退治もサルフェート ドゥ キューヴルのみでOK。
- イディウムもサルフェートのみで退治できる。
- ブドウの育つ時期と、収穫期に太陽が燦々と降り注ぎ、雨が殆ど降らない。
- 肥料は自然肥料のみ。

ドメーヌ・ギュリスは現在、2.5haのぶどう畑を、同じ地域の山腹に追加造園し、シャルドネとソーヴィニヨン・ブランの2品種の栽培に取り組んでいます。

DOMAINE GIOULIS

ワイン・ポートフォリオ

🚩 **ドメーヌ・ギュリス 2000**
（赤、辛口、クレメンティ・トピコスワイン、オーガニック栽培のぶどうから造られたワイン）
DOMAINE GIOULIS (Red, Dry, Regional wine of Klementi)
品種：カベルネ・ソーヴィニヨン種１００％
特徴：新しい樫の樽に入れ、地下のセラーで一年間寝かせ新しいフランス製オークバレルにて、8ヶ月間熟成。複雑でリッチなボディーとブーケの香りがこの品種のホールマーク。（熟したフルーツ、スパイス、etc.）口の中では、バランスの取れた素晴らしいハーモニーと丸く、柔軟な香り高い味が長く続くのがこの品種の特徴。今からでも楽しめるし、8－10年ほど寝かせてからでも楽しめる。
飲み頃温度：１８℃。スパイスを効かせたソース添えの肉料理やグリルビーフ、チーズに最適。

🚩 **ドメーヌ・ギュリス 1999**
（赤、辛口、クレメンティ・トピコスワイン、オーガニック栽培のぶどうから造られたワイン）
DOMAINE GIOULIS (Red, Dry, Regional wine of Klementi)
品種：カベルネ・ソーヴィニヨン種１００％
飲み頃温度：１８℃。スパイスを効かせたソース添えの肉料理やグリルビーフ、チーズに最適。

DOMAINE HARLAFTIS
ドメーヌ・ハルラフティス

■ 設立

1935年より優れたワインを製造しています。
ドメーヌ・ハルラフティスの物語はクレタで始まります。前世紀の上半期末頃、有名なスルタナ　レーズンの輸出業者、ニック・アサナシアディスがヘラクリオン郊外に貴重な農地を所有していました。
ニック・アサナシアディスはぶどう造りに情熱を持ち、彼のエステートは高度な手法により上質のぶどうを造る事で知られていました。
30年代に入ってから、ワイン用のぶどう畑を造り事業を拡大する事にした彼は、アテネから北へ20ｋｍほど離れた、スタマタ地域のまだ荒らされていないペンデリ山の北斜面を選びました。
伝説によると、ディオニソスがこの地方の王、イカロスに贈物としてぶどうを与え、ギリシャで初めてぶどうが栽培された地とされています。
ワイナリーは急速に成長し、ニック・アサナシアディスはアテネの上流階級にワインの供給をする事になり、ギリシャでいち早くワインのボトル化とワインの商業化を進めた一人となりました。
50年代後半に彼の娘、アダとその夫、当時空軍パイロットだったディオゲネス　ハルラフティスがニックの後を継ぎました。

■ ぶどう畑

伝統的な品種とインターナショナルな品種で再栽培が行われ、選ばれた品種のひとつは上質の白ワインを造るのに最適なアシリティコで、更に、地元の伝統的品種のサヴァティアノと相性が抜群でした。カベルネ・ソーヴィニヨンとシャルドネも選ばれ、ギリシャで最初に栽培されました。

ぶどう畑の区画も改善され、全てのぶどうが夏の暑さから最大限に保護される様になりました。ニックアサナシアディスが建てた石造りの伝統的なワイナリー用の建物は残されましたが、全ての装備は徐々に近代化されました。

■ ワイナリー

現在のハルラフティス－アサナシアディス　ワイナリーは、ステンレス製温度調節付きタンク、それからバレル、ボトル両方の熟成用地下セラーを備えています。また最新のボトリング設備も最近完備しました。ワイナリーとテイスティング用ホールがある古い建物は修繕され、"アッティカのワイン街道"を訪れるワイン愛好家たちのアトラクションとなっています。現在はアサナシアディスの孫、エミリーとニコラオスが後を継いでいます。彼らの長年の計画は、北ペロポネソスの　有名なネメアの中心に新らしいエステートを造る事し　。

彼らの父、ディオゲネス・ハルラフティスと国際的に著名な専門家たちの助けを得て、ネメアでも特に優れた土地、地元ではアクスラディアという名で知られる場所に、密度が高く収穫量の少ない新しいぶどう畑を造りました。彼らはこの地で、新しいワイン造りの芸術を駆使して地元の優れた赤ワイン品種、アギオルギティコの可能性を最大限に追求し、彼らの祖父が60年以上前に創設した、優れたワインを造るという一家の伝統を継承していく事に全力を注いでいます。

ペロポネソス半島、ネメアワイナリー

DOMAINE HARLAFTIS

ワイン・ポートフォリオ

▶ アサナシアディ（白、辛口、テーブルワイン）
ATHANASSIADI(White, Dry, Table wine)
品種：サヴァティアノ種、ロディティス種
特徴：収穫は９月の最後の２週間。醗酵はステンレス製タンクで温度調整を施し行われる。収穫時の新鮮な香りを楽しめます。フレッシュでフルーティな飾らない白ワイン、ドライでソフトな優しい感触。
飲み頃温度：９－１１℃。シーフードやサラダに最適。

▶ アサナシアディ（赤、辛口、テーブルワイン）
ATHANASSIADI (Red, Dry, Table wine)
品種：１００％アギオルギティコ種
収穫は９月２０日から１０月１０日。クラシックな赤ワインでヴィニフィケーションは温度調節を施し行われます。エレガントでフランクな飲みやすいワイン、アギオルギティコ種独特のソフトな感触。ナッツとドライフルーツの香り、ミディアムボディーで軽いタンニンと優しいフィニッシュ。
飲み頃温度：１６－１８℃。

▶ シャルドネ（白、辛口、ペンテリ・トピコスワイン）
DOMAINE HARLAFTIS CHARDONNAY (White, Dry, Regional wine of Pendeli)
品種：シャルドネ種１００％
特徴：収穫は８月最後の１０日間。醗酵は新しいフランス製オークで、熟成は香りをキープする為カスと一緒に６－９ヶ月間行われます。
オークの微かなトーストとトロピカルフルーツの香り。柔らかく香り豊かな口当たり。滑らかで長いフィニッシュ。飲み頃温度：１２℃。

▶ ドメーヌ・ハルラフティス・オーク（白、辛口、ペンテリ・トピコスワイン）
DOMAINE HARLAFTIS OAK (White, Dry, Regional wine of Pendeli)
品種：シャルドネ種５０％、アシルティコ種５０％
特徴：醗酵と熟成は新しいフランス製バレルで１２ヶ月間行われます。更に、ボトルで６－１２ヶ月間。輝く濃い黄色、僅かなオークと魅力的なフルーツ、ワイルドフラワーの香り。柔らかく口に広がる味と素晴らしいフィニッシュ。
飲み頃温度：１０－１２℃。

▶ シャトー・ハルラフティス（赤、辛口、アッティカ・トピコスワイン）
CHATEAU HARLAFTIS (Red, Dry, Regional wine of Attica)
品種：カベルネ・ソーヴィニヨン種１００％
特徴：収穫は９月１０－２０日、ぶどうは茎を取り除き潰されます。マセラシオンと醗酵は３－４週間。その後１２－１８ヶ月間、フランス製バレルで地下のセラーにて熟成されます。クラシックなストラクチャーでパワフルな赤ワイン、熟したフルーツの口当たりと上品でありながら生き生きとしたタンニンと酸味。飲み頃温度：１８℃。

▶ アルギロス・ギ（赤、辛口、O.P.A.P. ネメア）
HARLAFTIS ARGILOS GHI (Red, Dry, Regional wine of Attica)
品種：アギオルギティコ種１００％
特徴：ネメアの自己所有ぶどう畑から穫れたぶどう。収穫は大体９月の２０－３０日。マセラシオンと醗酵に４週間かかり、それからオークバレルで１２ヶ月間、ネメアのワイナリーセラーで熟成されます。バランスの取れた、アギオルギティコ種の香りが特徴のワイン。
飲み頃温度：１８℃。

DOMAINE HATZIMICHALIS
ドメーヌ・ハジミハリス

■ 初期のビジョン

エーゲ海東海岸のエヴァリに位置するハジミハリス家代々のぶどう畑とオリーブ畑での幼少の思い出と、ディオニソス神話と熟成したワインの魔法に思いを馳せた、若き頃のディミトリス・ハジミハリス自身の体験に基づいて、ドメーヌ・ハジミハリス社は成長を遂げてきました。彼自身のオデュッセイは、一途なワイン造りに対する情熱から始まった。それは、ぶどうの研究と、ワインに関するホメロスやテオフラスタス、自然歴史やバイブル等のあらゆる著名な文献を通して、真のエキスパートへと成熟していきました。

彼は、古代ワインの神、ディオニソスの棲家であったパルナッソス山のふもとに位置するカリアロ渓谷に投資する事を決めました。ここでハジミハリスは、オデュッセイアが父、レルテスからぶどう畑を相続したと言う、ホメロス式伝統に従って、多くのぶどう品種を選び、畑を造りました："50列もの（異なる品種の）ぶどう達はそれぞれ異なる時期に熟し、ゼウスがその枝に降り立つ時期には、それぞれが異なる成熟の段階に達している"。この土地は、神に祝福されているかのようです。独特な天候に恵まれ、パルナソスからは涼しい風が吹き、健康なぶどうが適度に酸化するのを助け、一方ではエーゲ海が冬と早春の時期に霜を防ぐ働きをしています。

■ ヴィジョンの実現

1974年、フィロキセラで地域全体のぶどうが全滅してから11年後、ハジミハリスは新しいぶどうを植えた。それからの6－7年は、ぶどうがワイン用に成熟する期間で、同社はその間、七面鳥を飼い一時をしのぎました。いまでは、このぽっちゃりして自信満々の鳥は、ドメーヌ・ハジミハリス社のトレードマークとなり、全てのラベルにお目見えしています。

テロワール式アプローチを導入、地域の自然環境から成り立つ全ての要素を統合した方法 - 起源はテオフラスタスの古代ヴィティカルチャーの"ホラ"、又は下に"地"上に"精神"を意味する植物学に関する記述。彼が栽培するぶどうは全部で14種類、白の7種とロゼ、赤の7種。メインはギリシャ本土と島の伝統的品種で、白はロボラ、アッシルティコ、アシリ ロディティス、そしてサヴァティアノ。ロゼと赤はクシノマヴロとリムニオ。他にもインターナショナルな品種で、シャルドネ、ソーヴィニヨン・ブラン、カベルネ・ソーヴィニヨン、シラーズ、そしてベルベットのようなメルロー。

■ オデュッセイは続く

20年以上のオデュッセイ（航海）を経て、今日もドメーヌ　ハジミハリス社は母なる自然を尊敬し、その自然がもたらした多種のぶどうを通して、それぞれの品種の特徴を反映した素晴らしいワインを世に送り出しています。

今日、ファルマ　アトランティスは130ha以上の畑でぶどうを栽培しています。この見事な確固たる起業姿勢は、ハジミハリス自身が初期のビジョンを長年に渡り守り抜いた事に由来しています。

ドメーヌ・ハジミハリス社は18種類以上のワインを生産しています。詳しくはホームページを参照ください。

ホワイト・ハジミハリス（白）メルロー・ハジミハリス（赤）輸入発売元： 富士貿易株式会社
商品の問い合わせは「お客様相談室」まで。　　045-622-2989

DOMAINE HATZIMICHALIS

ワイン・ポートフォリオ

▶ **ホワイト・ハジミハリス（白、辛口、ロクリス・トピコスワイン）**
WHITE DOMAINE HATZIMICHALIS (White, Dry, Regional Wine of Opountia Locris)
品種：サヴァティアノ種、ロディティス種、アシルティコ種
特徴：独自のスタイルを持つ、ギリシャ原産の種類のみを合わせた晩品。緑がかった、薄いブロンド色。花とフルーツ系が強い独特な香り。優しく、爽やかでいきいきとした造り。鮮やかな味が長く残る。３年以内のものが最良。
飲み頃温度：８－１０℃。様々な料理と相性が良い。ギリシャ風前菜、フライか網焼きの魚、インターナショナルな料理など。

▶ **アンベロン（白、辛口、ロクリス・トピコスワイン）**
AMBELON DOMAINE HATZIMICHALIS (White, Dry, Regional Wine of Opountia Locris)
品種：ロボラ種１００％
特徴：明るい緑がかったブロンド、独特で、ほのかなピーチとアップルにレモンの葉が交じり合った香り。初めは鮮やかで優しい口当たり、口の中での広がりが素晴らしい。長く残り、しっかりしたベース。
飲み頃温度：８－１０℃。シーフードに魚のフライ、クリーミーなソース添え肉料理等。

▶ **シャルドネ ハジミハリス（白、辛口、テーブルワイン）**
CHARDONNAY DOMAINE HATZIMICHALIS(White, Dry, Regional Wine of Atalanti Valley)
品種：シャルドネ種１００％
特徴：収穫後、４年ものが良い。輝く黄金色、アカシア、レモン、ドライナッツを連想させる魅力的な香りと、トーストのバックグランド。
飲み頃温度：１０－１２℃。ロブスターやカニ、脂の乗った焼き魚、鳥や豚肉の白いソース添え、マイルドなチーズ。

▶ **エリトロス ハジミハリス（赤、辛口、中央ギリシャ・トピコスワイン）**
ERYTHROS HATZIMICHALIS (Red Dry, Regional Wine of Central Greece)
品種：シラーズ種、グルナッシュ種、カリニャン種、カベルネ・ソーヴィニヨン種
特徴：ルビーのような輝く赤色。チェリーとサワーチェリーの香りにペッパーとペパーミントのバックグランド。ソフトな口当り。上品で優しく、飲みやすい。収穫後、３－４年ものが良い。
飲み頃温度：１６－１８℃。フレンドリーな性格なのでどんな料理にも合う。サラミ、ソーセージ等とも相性が良い。マイルドなチーズとも仲良し。

▶ **シラーズ・ハジミハリス（赤、辛口、テーブルワイン）**
SYRAH 2000 DOMAINE HATZIMICHALIS, (Red, Dry Wine)
品種：シラーズ種１００％
特徴：紫がかった、輝く深紅。森のフルーツ、トーストパン、オリーブにチョコレートが混ざり合った香り。ミドルウェート級の軽いタンニン、上品なベースが調和している。今から２００６年までが最適。
飲み頃温度：１８℃。赤身肉のシチュー、野性の鳥料理やセミハード、ハードチーズに合う。

▶ **メルロー・ハジミハリス（赤、辛口、テーブルワイン）**
MERLOT 2000 DOMAINE HATZIMICHALIS, (Red, Dry Wine)
品種：メルロー種１００％、１０ヶ月間、新しいフランス製オークバレルで熟したメルロー。
特徴：輝く紫がかったルビー色。軽いブラックベリーと森のベリー類の香りが、トーストパンとコーヒーの重たいベースと、とても良く調和した香り。若々しく温かみのあるタッチ。優しいタンニンと長いフィニッシュ。　飲み頃温度：１８℃。　大きな種類の鳥料理、ラムの網焼き、ビーフの網焼きやシチュー、それにマイルドなチーズ。

KATOGI KAI STROFILIA
カトギ ケ ストロフィリャ

カトギ ケ ストロフィリャ
ぶどう畑 − ワイン醸造

■ 設立

カトギ＆ストロフィリャ株式会社は新しいぶどう畑－ワイン醸造会社で、この業界で有名かつダイナミックな2つの会社が2001年1月1日に合併して創立されました。

ぶどう栽培とワイン醸造業界において40年の歴史を持つイピロス地方のカトギワイン醸造株式会社と、同じく20年の歴史を持つアッティカ地方アナヴィソのストロフィリャ株式会社が、それぞれの資力を合併して株式会社カトギ ケ ストロフィリャを創設しました。

■ ぶどう畑とワイナリー

カトギ ケ ストロフィリャは以下を所有しています：
- 3箇所の醸造所：イピロスのメツォヴォとアッティカのアナヴィソ
- 自己所有と賃貸葡萄畑　111ha
- 共同保有のぶどう畑　123.5ha
- オーガニック栽培を行っている選択ぶどう畑
- 品質安全システム　ISO9001, ISO 9002, ISO 14001, HACCP

合併後2001年度の年商額は4,000,000ユーロであった。株式資本は1,195,000ユーロ、自己資本は3,647,000ユーロとなっています。

2002-2006年の期間にカトギ ケ ストロフィリャ株式会社は、以下の重要な投資プログラムに4,400,000ユーロの投資を行う予定。
- 新しいぶどう畑の創設
- ぶどう生産量の促進
- 新しい品質のワインと醸造酒の創作
- バイオ栽培の開発と伝授
- 高品質の保持と環境への配慮
- 幅広い製品流通網の拡大
- 輸出の開発と拡大
- 文化的テーマの促進

活動地域で自然の美を推進、農業視察旅行の発展。

カトギ アヴェロフ（赤）ストロフィリャ（ロゼ）輸入発売元：日食株式会社
商品の問い合わせは「お客様相談室」まで。　大阪：06(6313)1341　東京：03(3562)0010

KATOGI KAI STROFILIA

ワイン・ポートフォリオ

▶ カトギ アヴェロフ（赤、辛口、テーブルワイン）1999
KATOGI AVEROF (Red, Dry, Table wine)
品種：アギオルギティコ種、カベルネ・ソーヴィニヨン種
特徴：透明な赤色と豊かで魅惑的な反射光との複合。特別なアロマと樫の香りがバランスよく結びついているのが特徴。ぶどう品種と一定の低温に置かれた樽の中で長い間熟成させることで、口の中では豊潤な香りを放ち、まろやかで豊かな感触となる。
飲み頃温度：１６－１８℃。　適する料理：赤・白ソースの肉料理、ロースト肉。

▶ パープル　アース（赤、辛口、テーブルワイン）
PURPLE EARTH (Red, Dry, Table wine)
品種：アギオルギティコ種、クシノマヴロ種
特徴：ギリシャ２大最上品種の完璧なマリアージュ。アギオルギティコのバランスの取れたマイルドでソフトなボディーが、パワフルなクシノマヴロの酸味とタンニン、ワイルドな香りに良くマッチしている。
飲み頃温度：１６－１８℃。　適する料理：赤身肉料理とチーズ。

▶ ストロフィリャ・ギイノス（白・辛口・テーブルワイン）2000
STROFILIA GIINOS (White, Dry, Table wine, Product of Organic Farming)
品種：ロディティス種１００％。オーガニック栽培のぶどうから造られたワイン。
特徴：きらきら光る色とフルーツの香り。まろやかで豊かな味と長持ちする後味。
飲み頃温度：１０℃。適する料理：焼き魚料理、海鮮料理、白身肉料理、甘いチーズ。

▶ ストロフィリャ（白・辛口・テーブルワイン）
STROFILIA 2000 (White, Dry, Table wine)
品種：ロディティス種、サヴァティアノ種
特徴：緑黄色。フレッシュでフリスキー。心地よい酸味で柑橘類のアクセントとハーブの後味をもつ。
飲み頃温度：１０℃。　適する料理：冷たい料理、すべての野菜料理と白身肉料理、パスタと甘いチーズ。多くのギリシャ料理に合うワインとして関心が高い。

▶ ストロフィリャ（ロゼ・辛口・テーブルワイン）
STROFILIA 2000 (Rose, Dry, Table wine)
品種：アギオルギティコ種１００％
特徴：きらきら輝くロゼ色、フルーツの香り、まろやかで豊かな味と心地よい後味をもつ。
飲み頃温度：１２℃。　適する料理：すべてのギリシャ料理、特に中華料理にも合う。

▶ オクタナ（赤、辛口、ペロポネソス・トピコスワイン）
OKTANA (Red, Dry, Regional Wine of Peloponnese)
品種：アギオルギティコ種１００％。
特徴：バニラとコーヒーの深みに、チェリーのような小さく赤いフルーツのアロマは中程度の強さ。まろやかで若いタンニンの甘い味をもち、口にはキャラメルと樽をいぶした香りが残る。しっかりとしたボディにバランスの取れた酸味を有している。
飲み頃温度：１８℃。健康的な地中海料理のすべてに合い、毎日の食卓に理想的なワイン。

D. KOURTAKIS S.A.
クルタキス社

ヴァシリ・クルタキス

■ 設立
　1895年、ギリシャワインの産地として有名なアッティカのマルコポーロに創設されたクルタキス社は、100年を経てファミリービジネスからギリシャ最大のワイン製造業者にまで成長しました。今ではワイナリーは中央ギリシャのリッツォーナ、クレタ島、ペロポネソス半島のパトラスにまで展開されています。

■ ワイン造り
　ワイン造りはギリシャの歴史や産業の中でも重要な位置を占めており、クルタキス社はその歴史的遺産を継ぐにふさわしい、質の高い先人達にも誇れる極上のワインを造り続けています。
　脈々と息づく伝統を重んじながらも、最新の醸造技術を駆使して造り出されるワインは、数々の栄誉ある賞を受賞し、世界的に評価されています。

リツォナワイナリー
中央ギリシャ、リツォナ

■ 人材
　創立者のヴァシリ・クルタキス氏は、ギリシャ人で初めてエノロジーの学士を修得した人物で、人々は彼をワインの質を保護する「お医者さん」と呼びました。その息子で二代目社長のディミトリス・クルタキスも、父の意志を受け継ぎ、質の高い一貫性あるワイン造りによって多くの顧客から信頼されるようになりました。そして現社長である3代目クルタキス氏もEUワイン協会会長などの役職についており、ギリシャ及びヨーロッパを代表するワイナリーと言えるでしょう。

ギリシャ初のエノロジー学位授与証
クルタキス社
創設者のヴァシリ・クルタキスが授与

クーロス・パトラス
1989年ボルドー・ヴィネクスポ
金賞受賞

クーロスワイン
ロンドンパッケージデザインコンペ
1990年ユーロベスト賞

「輸入発売元：メルシャン株式会社　商品の問い合わせは「お客様相談室」まで。　(03) 3231-3961」

D. KOURTAKIS S.A.

ワイン・ポートフォリオ

▶ クーロス・パトラス（白、辛口、O.P.A.P. パトラス）
KOUROS PATRAS (White, Dry, Appellation of Origin Patras of Superior Quality)
品種：ロディティス種１００％
特徴：パトラス地域でギリシャ古来より栽培されているロディティス種から造られたフレッシュな辛口白ワイン。ラベルデザインは、クーロス（美青年）の名に相応しく、最も美しいパッケージデザインとして1990年ユーロベスト賞を受賞した。魚介類やオリーブオイルを使った地中海料理から和食にまで幅広くマッチする。
飲み頃温度：９－１１℃。すしや刺身、シーフード、白身の肉やサラダに最適。

▶ クーロス・ネメア（赤、フルボディー、O.P.A.P. ネメア）
KOUROS NEMEA (Red, Dry, Appellation of Origin Nemea of Superior Quality)
品種：アギオルギティコ種１００％
特徴：ネメア地域で栽培されているアギオルギティコ種から造られた「ヘラクレスの血」と呼ばれるコクのある赤ワイン。97年「ワイン＆スピリッツ誌」でヴァリュー・ブランド・オブ・ザ・イヤー20に選ばれるなど、数々の賞を受賞している。明るいルビー色の豊かな深みと、なめらかな口当たりが心地よい。
飲み頃温度：１４－１６℃。肉料理の他、様々な料理に合う。

▶ ヴァン・ド・クレタ（白、辛口、クレタ・トピコスワイン）
VIN DE CRETE (White, Dry, Regional Wine of Crete)
品種：ヴィラナ種１００％
特徴：ミノア文明以来の歴史をもつヴィラナ種というクレタ島特有のぶどうから造られた、香り高くさわやかな辛口の白ワイン。海に囲まれたクレタ島の白ワインは魚介のおいしさを引き立てるので、日本料理にもよく合う。
飲み頃温度：９－１１℃。白身肉の軽いトマトソース添え、パスタ、サラダに最適。

▶ ヴァン・ド・クレタ（赤、ミディアムボディー、クレタ・トピコスワイン）
VIN DE CRETE (Red, Dry, Regional wine of Crete)
品種：コツィファリ種６０％、マンディラリア種２０％、リャティコ２０％種
特徴：ワイン発祥の地と言われるエーゲ海に浮かぶクレタ島で造られた赤ワイン。ミノア文明以来の歴史をもつマンディラリア、コツィファリ、リャティコというクレタ島特有の３つのぶどう品種から造られる、果実味に富んだバランスのよいワイン。
飲み頃温度：１６℃。白身肉の軽いトマトソース添えやパスタに。

▶ マヴロダフニ・オブ・パトラス（赤、甘口、O.P.E. パトラス）
MAVRODAPHNE OF PATRAS (Red, Sweet, Appellation of Controlled Origin)
品種：マヴロダフニ種６５％、ブラック・コリント種３５％
特徴：バリックで６－８ヶ月程熟成させたもの。土着品種マヴロダフニとコリント・ブラック種を使用したギリシャの良質なデザートワイン。赤褐色の深い色合い、レーズンや乾燥いちじく、プルーンを思わせる、甘く芳醇な味わい。
飲み頃温度：８－１２℃。ドライフルーツ・濃厚なチーズによく合う。

▶ マスカット・オブ・サモス（白、甘口、O.P.E. サモス）
MUSCAT OF SAMOS (White, Sweet, Appellation of Controlled Origin)
品種：ホワイト・マスカット種１００％
特徴：マスカットの果実味を独自の方法により十分に引き出すことに成功したクオリティの高い甘口白ワイン。ジャパンインターナショナルワインチャレンジで1999年のベストギリシャワイン受賞。
飲み頃温度：１０℃。ドライフルーツ・濃厚なチーズによく合う。

D. KOURTAKIS S.A.
ワイン・ポートフォリオ

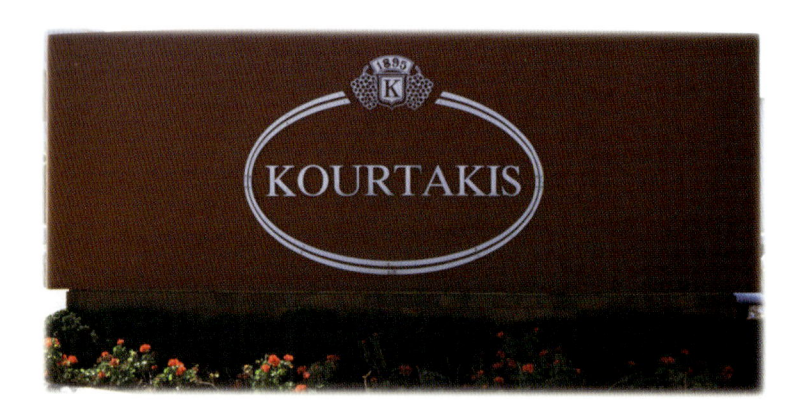

▶ **クーロス・ネメア・リザーヴ（赤、フルボディー、O.P.A.P. ネメア）**
KOUROS NEMEA RESERVE (Red, Dry, Appellation of Origin Nemea of Superior Quality)
品種：アギオルギティコ種１００％
特徴：ギリシャ有数のワイン産地ネメア地域の中でも最良の畑の一つと言われているセント・ジョージア・ヴァレーで収穫されたぶどうだけで造られたワイン。明るいルビー色。上質のバニラを思わせる複雑味のあるブーケ。ほどよいコクと心地よいあたたかみのあるワイン。
飲み頃温度：１６－１８℃。肉料理をはじめとした様々な料理に合う。

▶ **レツィーナ・オブ・アッティカ（白、辛口、伝統的なアペラション）**
RETSINA OF ATTICA KOURTAKI (White, Dry, Traditional Appellation)
品種：サヴァティアノ種１００％
特徴：ギリシャNo.１ワイナリー、クルタキス社のレツィーナは、サヴァティアノ種から造られ松ヤニを加えて風味づけした伝統的なギリシャワインです。淡く明るい黄色の個性的なワインで、さわやかでキレのよい味わいが楽しめます。
飲み頃温度：１０℃。ギリシャ料理、魚料理、風味の強い料理に最適。

リツォナぶどう畑

「輸入発売元： メルシャン株式会社　商品の問い合わせは「お客様相談室」まで。　(03) 3231-3961」

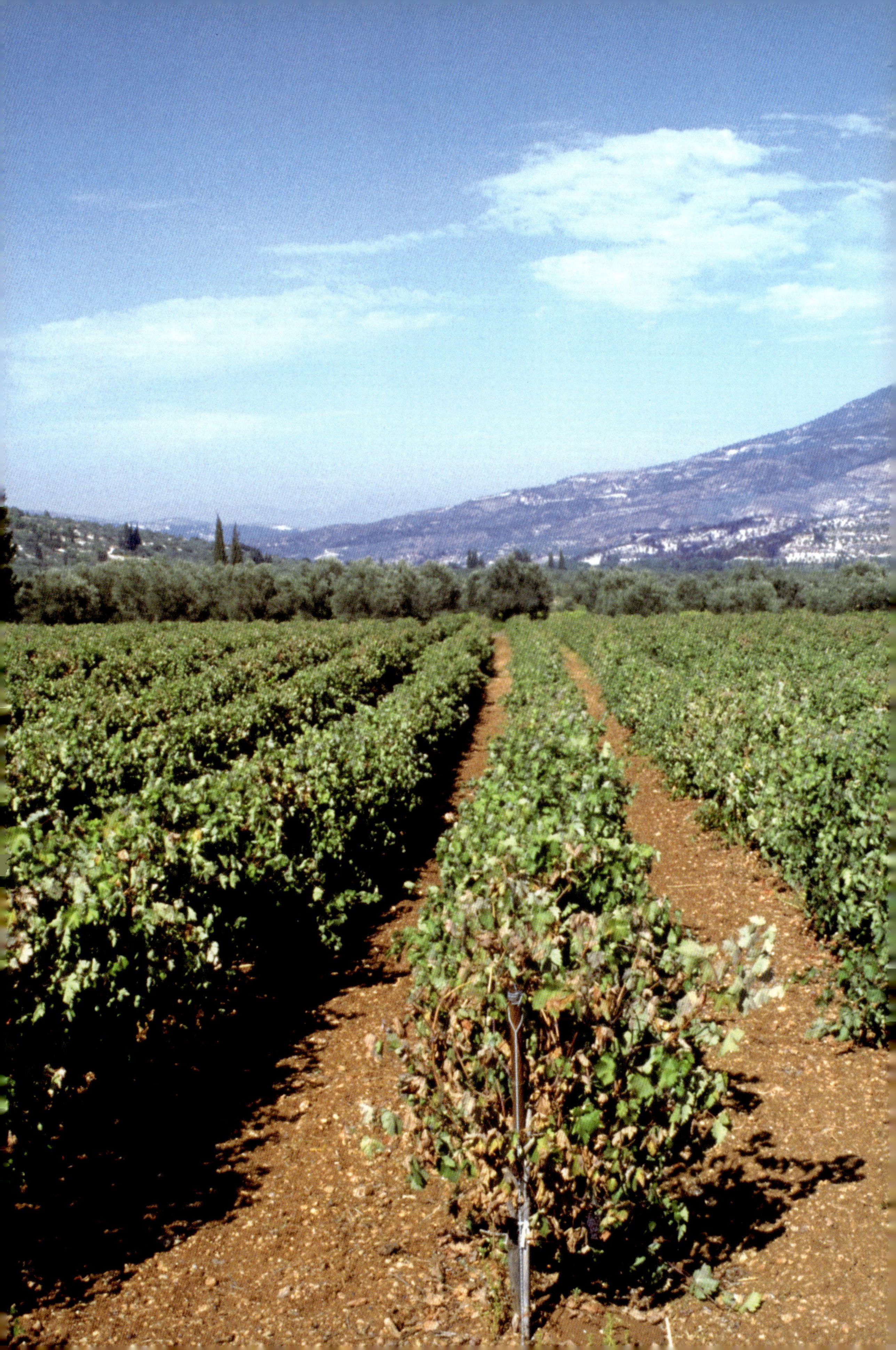

KTIMA KIR-YANNI
クティマ キル・ヤニ

■ 歴史

クティマ キル・ヤニとは現代ギリシャ語では英語の"サー・ジョン"に当ります。ブターリ社創業100年の際に、創業者に因んでクティマと名づけられました。彼の孫で、同名のワインメーカー、ヤニ・ブターリは1960年代にクシノマヴロ（地元の赤ぶどう種）を35ha植えました。これは当時、大変画期的な投資で、ギリシャワインの新世代誕生のシグナルとなりました。ネゴシアンの中心的ファミリーによるエステートぶどう畑の創業は、有名なナウッサ・アペラションの再来を早めました。又、新世代のワインメーカーたちの行く道筋を示す事になり、以降彼らは最新のエステートワイナリーを通してギリシャワインのルネッサンスを創造する事になったのです。

ヤニ・ブターリは1990年までにエステート内にワイナリーを新築し、メルローとシラーを新たに5ha植えました。エステートがいい年になった頃、ブターリグループから独立してワインのマーケティングをするため新しい会社を設立しました。それまではこのぶどう畑で収穫したものは、一般的ナウッサのヴァン・ドゥ・ギャルドであるグランド・リザーヴ・ブターリのコアブレンド用に使われていました。今日、このクシノマヴロとメルローのブレンドは、エステートのフラッグシップ的ワインで、クラシックなナウッサA.O.C.とその他のワインはエステートのポートフォリオとなっています。このギリシャの古代品種と上質の国際的な品種の結びつきは、現代市場の需要からのみでなく、ヤニ・ブターリのワイン造りへの強い信念から誕生したのです。

クティマ キル・ヤニの特徴は、伝統と革新の斬新な取り合わせにあります。ヤニ・ブターリの次男、ミハリスはUCDavisを卒業したてで、近々ぶどう畑経営に携わる事になります。長男のステリオスはINSEAD卒で経営と営業を担当しています。このエステートは、地元ホテル、レストラン、古代遺跡を初めとする観光地などとエステートをリンクしている、EU資金の農・観光業ネットワーク、ENOAM（マケドニアワイン製造者協会）のメンバーで。プライベートなツアーとテイスティングも、事前に予約すればいつでも歓迎してくれます。

■ ぶどう畑

ぶどう畑は南東に開かれていて、標高280－330mに位置します。エステートは30の違ったマイクロ・クライメット区画でされていて、違う方向と傾斜、土の種類で分割されています。又、沈泥、ローム、クレイがバランス良く配分されています。冬には雨が多く、夏は大変乾燥しているため、灼熱からの被害を防ぐため、最小限の灌漑を行っています。ぶどう木は1haにつき、約3,500から4,000本植えられていて、平均収穫量は1本につき、2.5kgに制限されています。1haの区画には、何種類ものギリシャ品種が、実験的に植えられています。

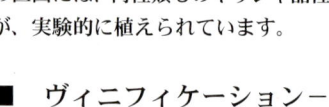

■ ヴィニフィケーション－熟成

伝統的なヴィニフィケーションは温度調整をし、マロラクティック醗酵、次いで新しいオークバレルで熟成過程を経て、更にボトルで熟成を重ねます。品種によってヴィニフィケーションは別々に行われ、品種のマッチングと最終ブレンドはぶどう収穫後の12月頃に行われます。ワイン製造者にとって最も重要なのは、熟成、ぶどうの品種、適切なバレルのバランスを取る事です。

KTIMA KIR-YANNI
ワイン・ポートフォリオ

▶ ヤナコホリ（赤・辛口、イマシア・トピコスワイン）
YANAKOHORI 1998 (Red, Dry, Regional wine of Imathia)
品種：クシノマヴロ種、メルロー種
特徴：ヤナコホリの名はエステートに近い地名に因んで付けられ、選りすぐったぶどうから、最高のヴァン・ドゥ・ギャルドを造ります。伝統的なクシノマヴロとメルロー種がとても良く調和したワインです。若々しく、リッチで複雑なブーケ。シナモンとラズベリーが共に強いのが特徴。バランスが良い長く残るアフターテイストが、見識あるワイン通を喜ばせるでしょう。最適温度は１８℃。

▶ ラムニスタ（赤・辛口、O.P.A.P. ナウサ）
RAMNISTA 1997 (Red, Dry, Appellation of Origin Naoussa of High Quality)
品種：クシノマヴロ種１００％
特徴：リッチで明るいルビー色がラムニスタの特徴。プラム、ラズベリー、レザーとオークが調和し、土とミネラルも微かに感じられる複雑な香り。凝縮されたスパイシーなブラックペッパーの味。ラムニスタの魅力は、デリケートでも判りやすいタンニンとその感触です。
飲み頃温度：１８℃。

▶ シラーズ（赤・辛口、イマシア・トピコスワイン）
SYRAH 1999 (Red, Dry, Regional wine of Imathia)
品種：シラーズ種１００％
特徴：リッチで深い、凝縮されたダークレッド。エキゾチックで判りやすいヴァイオレット、プラム、レザーとオークの複雑な香り。スパイシーな性格がフルーツを押しのけて、更に強いブラックペッパーのフレーバーに気付かれるでしょう。この素晴らしいワインは完璧さをさらけ出すために時間を要します。飲み頃温度：１６－１８℃。

▶ パランガ（赤・辛口、ヴァン・ド・ペイ・マケドニア）
PARANGA 1999 (Red, Dry, Regional wine of Makedonia)
品種：クシノマヴロ種、メルロー種
特徴：このワインに関してまず気付くのは、リッチな深紅色と香り高さでしょう。シナモンとカーネーションがハーブとグリーンペッパーの香りと混ざり合って、フルボディーで強い性格のワインです。
飲み頃温度：１６－１８℃。

▶ サマロペトラ（白・辛口、ヴァン・ド・ペイ・フロリナ）
SAMAROPETRA 2001 (Red, Dry, Regional wine of Florina)
品種：ロディティス種、ソーヴィニヨン・ブラン種、ゲヴュルツトラミナー種
特徴：この辛口ワインは緑がかったリッチな黄色が、その若さを象徴しています。国際的な品種のソーヴィニヨン・ブランとゲヴュルツトラミナーがギリシャのロディティスと調和し、爽やかで楽しいブレンド効果を引き出し、更にエキゾチックで白いフルーツの香りと長いアフターテイストが生きています。最適温度は１２℃。魚のグリル、シーフード、白身肉に最適。

LICOS WINES
リコスワイン

■　歴史

40年間ものファミリーによる上質ワイン製造の伝統を持ち、上質グルメ家としての彼自身の経験も加えて、アポストロス・リコスは1995年初めの現代ギリシャワイン革命に、大胆に参加しました。

アポストロス・リコス・エステートは中央ギリシャのエヴィア島がベースです。

アポストロス・リコスはオーナーで、リコス・エステートの心臓でもあります。

■　ぶどう畑とワイナリー

エヴィア島のマラコンダにあるワイナリーの設備を近代化し、モダンなブティク・ワイナリーを建てました。温度調節付き醗酵用ステンレス製タンク、地下セラー、新しいオークバレル、最新の製造設備とボトリングラインは、上質ワイン造りに対する投資と献身の最後の仕上げでした。

今日、リコス・エステートは、上質なギリシャワインのプロモーションに対する献身的なファミリーの伝統を守り、更に要求の高まるギリシャと世界中の消費者に対し、新しいタイプのワインやテイストを提供し続けています。

■　エヴィア島のオーセンティックなワイン

リコス・エステートは、現在、エヴィア島と中央ギリシャをカバーする、上質な地方ワインのフルレンジ（ヴァン・ド・ペイ）を提供しています。赤ワインのOPAPワイン、ペロポネソスのネメアと、アシルティコ種、ロディティス種、グルナッシュ種のバランスいいバロック（フュメ）もこのポートフォリオに掲載されています。

LICOS WINES

ワイン・ポートフォリオ

▶ クラティストス（赤・辛口・ネメアのO.P.A.P.）
KRATISTOS 1998(Red, Dry, Appellation of Origin Nemea of High Quality)
品種：アギオルギティコ種１００％
特徴：クラシックな醸造、5-7日間抽出、樫樽で１２ヶ月間熟成。収穫は９月上旬に始まります。 ワインは濃いルビー色で、ブーケが良く、チェリーの香りと微かなスモークのテイスト。濃厚でありながらソフトなワイン。長いフィニッシュと強い酸味。キャラクターのある上出来なワイン。
飲み頃温度：１６－１８℃。

▶ ケラスティス（白、辛口、リランディオ・トピコスワイン）
KERASTIS (White, Dry, Regional Wine of Lilandio)
品種：ロディティス種１００％
特徴：輝く白み掛かった黄色で、レモンの良い香り。バランスが取れマイルドなタッチ。優しく飲みやすい白ワイン。
飲み頃温度：１０－１２℃。魚料理、黄色いチーズ、蒸したり調理した野菜に最適。

▶ ケラスティス（赤、辛口、リランディオ・トピコスワイン）
KERASTIS (Red, Dry, Regional Wine of Lilandio)
品種：アギオルギティコ種、赤マスカット種
特徴：伝統的なヴィニフィケーションワイン。ぶどうは限られた期間マストといっしょに寝かされます。明るい赤色で、香りの良い赤マスカット種の特徴がハッキリし、更にこのワインの心地良さを増しています。クラシックで飲みやすい赤ワイン。
飲み頃温度：１６－１８℃。肉のグリル、ソース添えの肉料理やチーズに最適。

▶ パンセリノス（白、辛口、中央ギリシャ・トピコスワイン）
PANSELINOS (White, Dry, Regional Wine of Central Greece)
品種：アシルティコ種、ソーヴィニヨン・ブラン種
特徴：美しい黄緑色、ピーチとオレンジに微かなマンゴーとメロンのエキゾチックな香り。バランスの良いリッチなストラクチャー。
飲み頃温度：１０－１２℃。白身肉の軽いトマトソース添えやパスタ、チーズ、デザート類に最適。

▶ パンセリノス（ロゼ、辛口、中央ギリシャ・トピコスワイン）
PANSELINOS (Roze, Dry, Regional Wine of Central Greece)
品種：グルナッシュ種
特徴：グルナッシュは地中海品種の典型で、乾燥した気候でも良く育ちます。ぶどうを潰した後、最良の色を出す為マストと一緒に１２－２０時間寝かせます。マストはその後１８℃で醗酵されます。醗酵が完了すると、ワインはステンレス製タンクで熟成されます。バラのブーケのようなロゼワイン。熟したフルーツとカシス、ストロベリーや柿。マイルドでボディーのあるワインです。
飲み頃温度：１２℃。魚料理、黄色いチーズ、蒸したり調理した野菜に最適。

▶ パンセリノス（赤、辛口、トピコス・中央ギリシャ）
PANSELINOS (Red, Dry, Regional Wine of Central Greece)
品種：カベルネ・ソーヴィニヨン種、メルロー種、グルナッシュ種
特徴：伝統的なヴィニフィケーション赤ワイン。マロラクティック醗酵が、このフレッシュなワインの余分な酸味とタンニンを除きます。ワインはそれから新しいフランス製オークバレルで熟成します。深い紫色、ワイルドベリーがベースの調和の取れたコンビネーション。フルボディーで長く残るアフターテイスト。 飲み頃温度：１８℃。ラム、肉のグリルや強いチーズに最適。

PAPANTONIS ESTATE
パパントニス・エステート

古代ミケーネに面した、マランドレニぶどう畑

■ 歴史

パパントニス・エステートは1993年に、カリとアントニのパパントニス兄妹により創設されました。彼らの目標は、アギオルギティコ種から上質のドライ赤ワインを生産する事。アギオルギティコは古い品種で、長年に渡り、その素晴らしい安定性を発揮しています。

■ ぶどう畑とワイナリー

パパントニス・エステート、アルゴリスのマランドレニに27.5haのぶどう畑を所有し、この地域はギリシャの法律で、ネメアのアペラション・オリジン（V.Q.P.R.D.）ワインを生産するヴィティカルチャー地域に指定されています。ぶどう畑は海抜320mに位置し、12haの土地でワインストックは20年ものです。地元のマイクロ・クライメットと上質の土（砂の様にさらさらとした感触の土）はエコロジカルに最高の条件と、最上級のワイン製造過程に必要な基礎を提供しています。

■ ワイナリー

ワイナリーはぶどう畑から15kmしか離れていない、アルゴスの街にあります。ワイナリーには、温度調節器付きステンレススチール製醗酵用タンク、プレート付きシートフィルター、気圧機、ボトリングライン、容量350リッターのオークバレル100個を貯蔵する温度調節されたセラー等、赤ワイン製造に必要な全ての現代的設備と最新技術を備えています。

ミデン・アガンワインは3年間しか使用されないアリエーバレルで熟成されます。このバレルは有名なバレルハウス・オブ・ヴィカード製で、手造り、ミディアムスモークト。ミデン・アガンは透明でルビーのような深い赤色。ベルベットのようにソフトでまるく、味覚は長くフルーティーな香り。熟したブーケとほのかなスパイス、ドライナッツが、ストロベリーとブラックベリーのアギオルギティコの香りと完璧にマッチしています。長期に渡って熟されたものが最高。最適温度は、16－18℃。

パパントニスワインの販売の信条は、顧客と製造者の密なコミュニケーションを通して、製品の最良な状態と継続的発展を保証し、結果的に相互の満足と信頼関係を築く事としています。

カリとアントニ
パパントニス

海とアルゴリス渓谷に面したマランドレニぶどう畑の南側

PAPANTONIS ESTATE
ワイン・ポートフォリオ

　ミデン・アガンの名の由来は、デルフィの神託による古代ギリシャのモットーで、その意味は、"過ぎるべかざれ"：即ち、全てには節度があると云う事。"これこそが古代ギリシャ精神の原理主義で、我々の先祖は節度を、毎日の生活のルールとして重んじていた"と、ぶどうの栽培をするアントニ・パパントニス氏はこの名をつけた理由を説明している。

▶ ミデン　アガン（赤、辛口、ワイン）
MEDEN AGAN (Red, Dry, Table wine)
品種：１００％アギオルギティコ種
特徴：アリエーバリックで１０－１２ヶ月程熟成させたもの。砂のようなクレー土で、特質な排水設備を施し、生産されている。天候は穏やかな冬と、涼しく乾燥した夏を経、9月初旬に収穫される。　28℃まで温度調整されたイノックス　タンクで、伝統的な赤ワイン醗酵過程を経ている。ミデン　アガンはルビーのような深紅色。フルーティーな香り。フレーバーはソフトでベルベット、まろやかで、長く残る味覚。
飲み頃温度：１６－１８℃。

▶ ミデン　アガン（赤、辛口、ワイン）
　　パッケージオプション
　　　　＊　0.75 ml　現在のヴィンテージは1999
　　　　＊　マグナム木箱、現在のヴィンテージは1998

A.S. PARPAROUSIS & CO
パルパルシス社

■ 設立

A.S. パルパルシス醸造は1974年ワイン醸造者サナシス・パルパルシスによって良質のビン詰ワイン生産を目的として創立されました。

醸造所はパトラのボザイティカにある家族の敷地内にあり、そこでワインの醸造、成熟、熟成そしてビン詰が行われています。

■ ぶどう畑とワイナリー

パトラのボザイティカとアハイアのラパにある自社所有のぶどう畑から醸造所の大半のワインが造られています。また、Bordeauxとテッサロニキで金賞を獲得し、唯一ネメア・グランド・リザーヴ（Nemea Grand Reserve）が贈られたネメアのO.P.A.P. ワイン、同じような成績でネメア・リザーヴ（Nemea Reserve）を生産しているネメア地方の優秀なぶどう栽培業者との協力関係を維持しています。

ぶどう畑では栽培に対し細心の配慮をし、面積あたりの収穫は少ないオーガニック栽培を取り入れています。サナシス・パルパルシスのぶどう栽培に対する個人的な取り組みには検査される安定した品質のための前提条件が含まれています。

■ 人材

サナシス・パルパルシスはアテネ大学とフランスのディジョンで教育を受け、ギリシャに帰国したと同時に、ヴィティカルチャーと上質のワイン造りに専念しました。パトラス郊外にある彼のヴィラをワイナリーに改造し、残った土地にはぶどうの木が植えられました。

会社の伝統は二代目の二人の娘たちが引き継いでいます。エリフィリはぶどう畑と醸造を、もう一人のディミトラは販売を担当しています。

金賞： テッサロニキ国際ワインコンクール 2001 年
金賞： チャレンジ・インターナショナル・デュ・ヴァン 1999
銅賞： 国際ワイン＆スピリットコンペ 2001
銅賞： Japan International Wine Challenge 2001

ネメア・リザーヴ（赤、辛口）、ネメア・イナリ（赤、辛口）　輸入発売元： 株式会社アドリアインターナショナル
商品の問い合わせは「お客様相談室」まで。(03)5473-8071

A.S. PARPAROUSIS & CO

ワイン・ポートフォリオ

▶ **ネメア・リザーヴ（赤、辛口、O.P.A.P. ネメア）**
EPILEGMENOS NEMEA RESERVE 1997(Red, Dry, Appellation of Origin Nemea of High Quality)
品種：アギオルギティコ種１００％
特徴：１３％Vol. クラシックな醸造、２０日間抽出、樫樽で12ヶ月間熟成。ボトル詰6／２０００。ルビー色の反射光をもつ深い赤色。ビオレ、熟したチェリー、バニラ系スパイスの香り。なめらかなタンニンとタバコのアロマを感じさせる豊かな味。テッサロニキ国際ワインコンクール２００１年、金賞
飲み頃温度：１８℃。赤身肉料理、グラヴィエラ、燻製チーズや脂肪分の多いチーズ。

▶ **イナリ・ネメア（赤、辛口、O.P.A.P. ネメア）**
OINARI NEMEA (Red, Dry, Appellation of Origin Nemea of High Quality)
品種：アギオルギティコ種１００％
特徴：１２．５％Vol. 深い赤色。バランスよくなめらか、よく残る後味。
飲み頃温度：１８℃。赤身肉料理、グラヴィエラ、燻製チーズや脂肪分の多いチーズ。

▶ **タ・ドラ・ディオニス（白、辛口、テーブルワイン）**
TA DORA DIONYSOU (Rose, Dry, Table wine)
品種：シデリティス種１００％
特徴：１１％Vol. 低温でアルコール発酵を行う。常時15℃で保存する。緑黄色、野生花の繊細な香り、心地よい後味。
飲み頃温度：１０－１２℃。白身肉の軽いトマトソース添えやパスタに最適。

▶ **ドラサリス（白、辛口、O.P.A.P. パトラス）**
DROSALIS (White, Dry, Appellation of Origin Nemea of High Quality)
品種：ロディティス種１００％
特徴：１１％Vol.、クラシックな白、薄い黄緑色。青りんごとキーウィ、グレープフルーツの香り。強くてまろやかな味、優しくソフトでさっぱりとした酸味がある。
飲み頃温度：１０－１２℃。魚介類に最適。

▶ **イノフィロス（赤、辛口、テーブルワイン）**
OINOFILOS (Red, Dry, Table wine)
品種：カベルネ・ソーヴィニヨン種８０％、アギオルギティコ種２０％
特徴：１３％Vol.、温度２５－２８℃で15日間抽出。紫色、しっかりとしたワイン、心地よい後味。更に８年間熟成できる。Concours Mondial de Bruxelles １９９０銀賞。
飲み頃温度：１６－１８℃。赤身肉料理、マヌリなどのような燻製チーズや脂肪分の多いチーズなど。

▶ **マスカット・リオ（白、辛口、O.P.E. リオ）**
MUSCAT OF RIO (White, Sweet, Appellation of Controlled Origin)
品種：ホワイト・マスカット種１００％
特徴：１４％Vol. アハイア地方のパトラスの近く、リオ、ホワイト・マスカット品種を栽培する山岳ゾーン。リオの北部標高４５０ｍにあるアルギラ村で生産されている。Concours Mondial de Bruxelles １９９９銀賞。
飲み頃温度：１２℃。食事の後のデザート或いはフルーツに合う。

DOMAINE PORTO CARRAS
ドメーヌ　ポルト・カラス

■ 設立

　ドメーヌ　ポルト・カラスのぶどう畑は、ギリシャ、ハルキディキ地方シソニア半島の西海岸にあります。

　メリトン山の青々と茂り穏やかに傾斜したスロープが、トロネ湾の透明な海水と出合う地点です。475haの素晴らしい段々畑が、ギリシャで、若しくはヨーロッパで最も大規模で美しいぶどう畑を形成しています。このプロジェクトは1965年に発案され、ギリシャのワイン業界に新風を吹き込むのが目的でした。この計画は、ギリシャの最上質白品種のロディティス、アシリ、アシルティコ等と、1989年にはマラグジア種を追加し、ぶどう畑の再栽培を完成させる事でした。赤品種では上質のリムニオが中心的存在でした。アリストテレスは、この北エーゲ海特産の品種を古代名でリムニアと呼びました。ギリシャの品種と共にフランスの、ソーヴィニヨン・ブラン、カベルネ・ソーヴィニヨン、カベルネ・フラン、メルロー、シラー等の7品種も栽培されました。栽培は1967年に開始され、1972年に初収穫しました。あらゆる実験の結果、フランス品種には涼しい北東の斜面（標高300から400メートル）が最も適している事が解りました。ぶどう畑は、排水が完璧な段々畑に形成されている。地質は、水分を求め深く根が張りやすい、細かく砕かれた片岩（シスト）です。収穫量は、白品種で40 hcl/ha、赤品種では30 hcl/haに少なく制限されています。収穫は手作業で通常は8月中旬から4週間掛けて行われます。上質のワイン生産にとってぶどう畑自体が大切だと言う事は、ギリシャでは異論の余地がありません。エステートが質の上で、ギリシャのぶどう畑の中で最も成功している内のひとつと言うのは周知の事実です。1981年には、何十年にも渡る多くの品種の栽培とワイン生産の経験から、ドメーヌ・ポルト・カラスはコットゥ・ドゥ・メリトンの名でアペラション・コントロレ地域に指定されました。

　全てのワインはアペラションの規定通りに、エステート内の指定された場所で育ったぶどう品種から、一定の収穫量とブレンドの割合をもって生産されています。古代ギリシャの伝統と現代のボルドー方式に則って、エステート級のワイン造りの調合を指揮監督するため、ペイノー教授を迎え入れました。ペイノー教授の助手は、経験豊富で最高の信頼を得ていたフランス人ワイン研究家、マズリック氏でした。

　1970年に設立されたワイナリーは、ぶどう畑がそうであった様に、ギリシャのワイン業界にとって非常に重要な一歩を踏み出す事になりました。重力作用を利用したぶどう液の抽出、温度調節された醗酵樽、熟成用のセラーとオークバレル。1994年末に、ワイナリー改善の投資3ヵ年計画が完了しました。

　現在、オーナーがテクニカル・オリンピック・グループ社に移行したと同時に、更なる改築、改善計画が始まりました。この計画はワイナリーの再建と、一年中ぶどう畑にいつでもお客様を迎えられるような設備を整える事です。今日、素晴らしい何種類もの上質なワインがドメーヌ　ポルト・カラスのアペラシオン・オブ・オリジン、コット・ドゥ・メリトンとして生産されています。これらのワインは、ギリシャと、そして25年以上もの経験を持つ海外市場の厳しい需要条件を全て果たす、優れた特性を全て備えています。エステートで生産された数々のワインは、世界15ヶ国に輸出され、ギリシャのワイン大使となっています。

　細部まで行き届いた注意と献身により、ぶどう畑運営と収穫、ワイン生産、ボトリングと熟成、エステートの歴史と伝統、国際的な名誉と賞等のすばらしい結果をもたらし、更にはドメーヌ　ポルト・カラスが、ギリシャと国際市場にて確固たる地位を確立しえたのです。

輸入発売元：横浜貨物総合株式会社
商品の問い合わせは「お客様相談室」まで。(045)754-0101

DOMAINE PORTO CARRAS

ワイン・ポートフォリオ

▶ **シャトーポルト・カラス（赤、辛口、O.P.A.P.・プライェス・メリトン）**
CHATEAU PORTO CARRAS (Red, Dry, Appellation of Origin Plagies Meliton of High Quality)
品種：リムニオ種、カベルネ・ソーヴィニヨン種、カベルネ・フラン種、メルロー種
特徴：新しいフランス製のオークバレルで１２－１８ヶ月間熟成、更にボトル、セラーで１年間寝かされます。リッチで紫掛かった深い藍赤色。赤いフルーツ、バニラが強い複雑な香り。デリケートでスモーキー、ミディアムなタンニン。最高に良質な木と、濃厚で長い滑らかなフィニッシュ。このワインには長い熟成に必要な要素が全て揃っています。
飲み頃温度：１８℃。ジビエや赤身肉、複雑なソースの料理に最適。

▶ **マラグジア（白、辛口、シトニア・トピコスワイン）** 　有機栽培
MALAGOUZIA (White, Dry, Regional wine of Sithonia)
品種：マラグジア種
特徴：プレスは断続的なロー・プレッシャータイプ。静力沈殿作用の後、醗酵はステンレス製のタンクで温度を１８－２０℃に管理されて行われ、更にフランス製オークバレルにて６ヶ月間熟成されます。黄色、ほのかなミント風味。濃厚なまろやかさが口に広がり、アプリコットとピーチのフレーバー。飲み頃温度：１０－１１℃。新鮮な魚と白身魚に最適。

▶ **リムニオ（赤、辛口、O.P.A.P.・プライェス・メリトン）** 　有機栽培
LIMNIO (Red, Dry, Appellation of Origin Plagies Meliton of High Quality)
品種：リムニオ種、カベルネ・ソーヴィニヨン種
特徴：エラフラージュとフラージュ、マセラシオンを６－８日間施す。プレスはロー・プレッシャー。アルコール醗酵の後、マロラクティック醗酵。新しいフランス製のオークバレルで12ヶ月間熟成。深紅色、ペッパーとシナモンのスパイシーな香り。フルでデリケートなタンニンが口に優しいタイプ。
飲み頃温度：１６－１８℃。地中海料理、赤身肉に最適。

▶ **メリサンティ（白、辛口、O.P.A.P.・プライェス・メリトン）** 　有機栽培
MELISSANTHI (White, Dry, Appellation of Origin Plagies Meliton of High Quality)
品種：アシルティコ種、アシリ種
特徴：プレスは断続的なロー・プレッシャータイプ。醗酵はステンレス製のタンクで温度を18-20℃に管理されて行われます。薄い黄色、デリケートなレモンと熟したアプリコット、メロンの香り。フルで素晴らしいフィニッシュ。
飲み頃温度：１０－１１℃。シーフード、新鮮な魚や黄色いチーズに最適

▶ **シラーズ（赤、辛口、シトニア・トピコスワイン）**
SYRAH PORTO CARRAS (Red, Dry, Regional wine of Sithonia)
品種：シラーズ種
特徴：エラフラージュとフラージュ、マセラシオンを６－８日間施す。プレスはロー・プレッシャー。アルコール醗酵の後、マロラクティック醗酵。新しいフランス製のオークバレルで12-18ヶ月間熟成、更にボトル、セラーで１年間寝かされます。濃い深紅色。濃厚なヴァイオレットとカーネーション、ペッパーが混ざり合った香り。リッチで長いフィニッシュ。
飲み頃温度：１８℃。赤身肉、複雑なソースの料理やデザートに最適。

▶ **ブラン・ド・ブラン（白、辛口、O.P.A.P.・プライェス・メリトン）** 　有機栽培
BLANC DE BLANCS (White, Dry, Appellation of Origin Plagies Meliton of High Quality)
品種：ロディティス種、アシルティコ種、アシリ種、ユニ・ブラン種、ソーヴィニヨン・ブラン種
特徴：プレスは断続的なロー・プレッシャータイプ。醗酵はステンレス製のタンクで温度を18-20℃に管理されて行われます。明るいソフトな黄色、フローラルでシトラスフルーツの香りと、口の中で素晴らしい滑らかさが残ります。
飲み頃温度：９－１１℃。シーフード、チーズやグリーンサラダに最適。

ワイナリー紹介

REKLOS WINES
レクロス ワイン

■ 設立

　レクロス社は1998年にテサロニキで創業した、個人所有のワイン業者です。レクロスはギリシャワイン革命に強い影響を受けた、比較的新しい会社の一つです。最高品質のワイン造りに掛ける情熱と献身、弛まぬ努力がレクロス社のモットーです。

　ゲラシモス・レクロスはオーナーであると同時に、レクロス・ワインのクリエーターでもあります。テサロニキ大学で化学を専攻し、キャリアを積みながらワイン化学も習得しました。ワインのブレンドとワイン・カルチャーは彼にとって、普通の化学よりもっと興味深く、意味深いものでした。伝統に新たな挑戦をする事も、彼の興味を大いにそそりました。

■ サントリーニ島のぶどう畑

　サントリーニ島のぶどうの木はユニークで、際限なく吹く風から身を守るため、バスケットのような形をしていて、ぶどうはそのバスケットの中で育ちます。

■ レクロス　ワイン

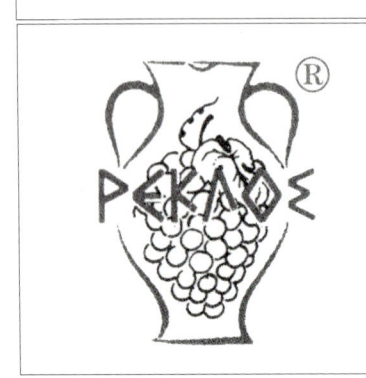

　レクロス社のポートフォリオには白ワイン、赤ワインと伝統的なレツィーナワイン、そしてサントリーニ島の素晴らしいデザートワイン、ヴィンサントがあります。殆どのワインが、火山島でフィロキセラを経験していない、ロマンティックなサントリーニ島のものです。サントリーニの火山性土壌が非オーガニックな面を持ち、スラグ、灰、溶岩、軽石を含んでいます。

　レクロス社のポリシーは、長期にわたって、正直なパートナーとのコラボレーションをはかり、ワインの質を保っていく事です。レクロスは、ワインの質と同時にギリシャワインの遺産と伝統を重んじる、パートナーを大切にしています。

　レクロスのワインは国際的なエキジビションで、多くの賞を受賞しています。

ワイナリー紹介

REKLOS WINES
ワイン・ポートフォリオ

▶ イリアントス（白、辛口、テーブルワイン）
ILIANTHOS (White, Dry, Table wine)
品種：アシルティコ種１００％
特徴：火山島のサントリーニ産。収穫は８月の最初の１０日間。リッチで明るい黄金色。
フルーティーな香りと、フレッシュさが強調され、優しく長いアフターテイスト。
飲み頃温度：８－１０℃。貝類、シーフード、魚のグリル、フレッシュサラダに最適。

▶ ロドアントス（赤、辛口、テーブルワイン）
RODANTHOS (Red, Dry, Table wine)
品種：カベルネ・ソーヴィニヨン種、シラーズ種、グルナッシュ種
特徴：北コリントスの標高２５０－５００ｍの斜面で栽培されたぶどう。
クラシックな赤ワインヴィニフィケーション、品種の香りとヴィヴィットなテイスト
を保つため、慎重に醗酵されました。バランスのよいワインで、濃いパープル色、滑らかな
アフターテイスト。リッチなボディーと大変良いストラクチャー。
飲み頃温度：１８－２０℃。

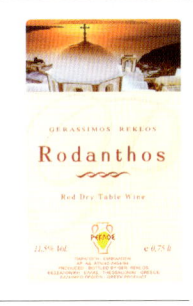

▶ ネフェリ（白、辛口、テーブルワイン）
NEFELI (White, Dry, Table wine)
品種：サヴァティアノ種８０％、アシルティコ種２０％
特徴：中央ギリシャ、ヴィオティアの厳選された畑から採れたぶどう。標高５５０ｍの
斜面。ネフェリはライトで優しく、サヴァティアノ種の香りがはっきりとしている
ワイン。軽いボディーで、ランチのお供に最適。
飲み頃温度：８－１０℃。シーフードやサラダに良く合います。

▶ レツィーナ　レクロス（白、辛口、テーブルワイン）
RETSINA REKLOS (Dry, White, Rasinated Table wine)
品種：サヴァティアノ種１００％
特徴：レクロスのレツィーナ用に厳選されるぶどうは、ヴィオティアの山岳で栽培されていま
す。軽く優しいこのワインは、サヴァティアノ種の香りがナチュラルな松脂の香りと良く
合っています。ライトなボディーが、ギリシャ、地中海料理に最適です。
飲み頃温度：８－１０℃。

▶ ヴィンサント（白、甘口、サントリーニ島のO.P.A.P）
VINSANTO (White, Sweet, 15 Years old
品種：アシリ種、アシルティコ種、マヴラシリ種
特徴：サントリーニのぶどう。収穫は８月下旬から９月上旬で、熟したぶどうを更に16-20日
間日干しにします。ハチミツ色で、洗練された香りとドライフルーツの強いテイスト、フ
ルボディーで長いアフターテイスト。ヴィンサントは世界中でただひとつ、２４の非オー
ガニック要素（カルシューム、マグネシューム、鉄分等）やビタミンＢ12を含むワインで
す。冷やしても美味しく、ブルーチーズ、フルーツ、ドライナッツやデザートと共に、又
は常温でも美味しく楽しめます。飲み頃温度：８－１０℃。

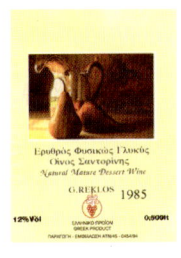

UNION OF VINICULTURAL COOPERATIVES SAMOS
サモス生産者組合連合

■ 過去へのワイン散策

神話、歴史、そして島を形成している二つの山岳地の一つを描き出す「アンベロス」という地名、これらすべては世界で最も素晴らしいぶどう畑の一つであるサモスのぶどう畑について語ろうとしています。

神話は、この島民にぶどうの栽培を教えた最初の人はケファロニア農耕遠征船隊の英雄アンゲオスで、彼はメアンドロスの娘サミアと結婚して島の王となった、と伝えています。神話の雄弁な支持者たちは、イレオンの考古学発掘が世に明らかにしたワインを保存する壺がトロイアⅢとⅣに相当すると言います。

東エーゲ海では甘いワインを好んで飲む習慣があったにもかかわらず、マスカットの甘口ワインか明確ではないけれど、かなりの頻度で古代の作家たちはサモス島のワインを引用しています。

残念ながら、ぶどう畑耕作史はこの島の悲惨な歴史と共に歩み、しばしば侵略、占領者たちによってストップしました。そのクライマックスは１５世紀で、島は砂漠と化してしまい、結果的にぶどう畑はなくなってしまいました。その後１世紀を経てからサモスの住民が再び島に戻り、ぶどうの新種を持ち込んできました。この見解に基づくと、サモス島のマスカット・ワインの歴史は１６００年ころから始まり、その貿易は数年後に始まったことになります。

■ サモス島のぶどう畑はエーゲ海の宝

サモス島のマスカット、特に白と小粒のマスカットは数多いマスカット種の中で最も高貴な品種と見なされています。この品種が他と区別されるのは房の大きさだけではなく、収穫量を抑える有機物を取り入れる特質があり、これが一定量の収穫しかもたらさないことと結びついています。

サモス島のマスカットに関する古い言及はイシヒオス文法辞典に「サモス島のぶどう畑」として引用されています。白マスカットは島の北部山岳高地と半山岳地でその素晴らしき姿を見せている。それは小石を積んで作られている狭い段々畑で、しばしばぶどう株一列しか植えることのできない場所です。ぶどう栽培に適している下層土（排水性のある砂利、石灰岩からなる）と、この地区の気候（標高は800ｍに達する所もあり、低温と組み合う日照時間も特筆すべき）の調和によって、ぶどうが段階的に熟す条件を備えています。

■ EOSS サモス島ワイン生産者組合連合

サモス島ワイン生産者組合連合（E.O.S.S.）は1935年設立されて「サモスぶどう園」の果実のワイン製造と販売を担いました。1970年サモスは初めて原産地ブランド管理名（O.P.E.）と認められました。今日E.O.S.S.のマスカットワインは世界市場に進出して国際的に認知された価値あるワインとなっています。全世界で数十個の賞を獲得しており、ワイン愛好家やジャーナリストから高い評価を受けています。

エーゲ海の懐から世界の市場へ
■ サモスのデザートワイン

ナチュラルな甘口ワイン。世界中でも類を見ない特別な品種で、非常に要求が高いフランス市場の輸入第一位を占めています。格別にしっとりとした味覚、豊かな香り、そして黄金に近い色が全世界の専門家たちの間で高い人気を得ています。

■ サモスの白辛口マスカット

ワインは、ソフトで調和のとれた味覚と繊細な香りで認められている特別なワイン類の一つです。料理と一緒にまたワインだけでも楽しめます。

サモスデュ、サモスグランクリュ、サモスネクター　輸入発売元：株式会社アドリアインターナショナル
商品の問い合わせは「お客様相談室」まで。(03)5473-8071

UNION OF VINICULTURAL COOPERATIVES SAMOS

ワイン・ポートフォリオ

▶ サモス ネクター（白、甘口、O.P.E. サモス）
SAMOS NECTAR (White, Sweet, Appellation Of Controlled Origin)
品種：ホワイト・マスカット種１００％。　１４％Vol.
特徴：サモスの小粒マスカットから選ばれたぶどうが昔ながらの方法で日干しされ、樫樽に３年間寝かすことで様々な香りと熟した甘味をもつ独特なワインとなる。
飲み頃温度：１２－１４℃。エキゾチックなフルーツ、チョコレートのデザートなど。

▶ サモス グランクリュ（白、甘口、O.P.E. サモス）
SAMOS GRAND CRU (White, Sweet, Appellation Of Controlled Origin)
品種：ホワイト・マスカット種１００％。　１５％Vol.
特徴：収穫量の少ない山岳地帯のぶどう畑から選ばれた超熟ぶどうでつくられる。サモスの小粒マスカットは豊かで独特な香りと調和のとれた理想的な甘さ。
飲み頃温度：８－１０℃。デザート、強いブルーチーズと合う。また、フルーツ入りの肉料理にも合う。

▶ サモス デュ（白、甘口、O.P.E. サモス）
SAMOS DOUX (White, Sweet, Appellation Of Controlled Origin)
品種：ホワイト・マスカット種１００％。　１５％Vol.
特徴：サモスの小粒マスカットの古典的な顔。世界中にサモスのぶどう畑を有名にしたこの優しい品種のすべての香りが発見できる。
飲み頃温度：８－１０℃。フルーツ、乾燥フルーツ、軽いデザート、アイスクリーム。

▶ サモス アンテミス（白、甘口、O.P.E. サモス）
SAMOS ANTHEMIS (White, Sweet, Appellation Of Controlled Origin)
品種：ホワイト・マスカット種１００％
特徴：１５％Vol.、アンテミスはサモスの古代名の一つでした。アンテミス又はオーク樽で熟成させた５年ものの特別なワイン。芳醇な香りと味は独特な土壌が与える。
飲み頃温度：１２－１４℃。デザート、ブルーチーズなどの強い味のチーズ、チーズを入れたピーマンサラダなどに合う。

▶ サメナ（白・辛口・テーブルワイン）
SAMENA (White, Dry, Table wine)
品種：ホワイト・マスカット種１００％
特徴：心地よいマスカットの香り、調和のとれた味覚、そして柔和なキャラクターが避暑地の食卓に最適。
冷たく冷やして前菜、焼き魚、野菜料理と一緒に楽しみたい。最適温度は８－１０℃。

▶ ゴールデン・サメナ（白・辛口・テーブルワイン）
GOLDEN SAMENA (White, Dry, Table wine)
品種：ホワイト・マスカット種１００％
特徴：ぶどうを厳選し心をこめて醸造すると驚くべき芳香とシンプルで蜜の味をもつワインができる。
飲み頃温度：８－１０℃。海鮮料理、カレーを用いた料理や甘酸っぱい中近東料理にたいへんよく合う。

ワイナリー紹介

SIGALAS OINOPIIA
シガラス・エステート

■ エステート

シガラス・エステート醸造会社はパリス・シガラスによって創設されました。醸造所は昔パリス・シガラス家の伝統的なワイン倉庫があった所に建築されました。

シガラス・エステートは1994年からプログラムにバイオ栽培を取り入れ、認定組織D.I.Oと協力しています。伝統的な方法で10haを栽培し、同じプログラムに参加している生産者との継続的な共同作業が行われています。

シガラス・エステートの目的はイアのぶどう畑すべてがバイオ栽培されることです。乾燥して水分の少ない火山性の土壌と、冬季は温和で乾燥し、夏季は涼しい微気候の条件はバイオ栽培を容易にしています。これはサントリーニ島がフィロキセラに侵されなかった理由でもあります。

栽培されている品種：ぶどうの収穫量は10a当たり300-600キロで、収穫は8月中旬に行われます。

■ サントリーニのマイクロクライメット

サントリーニのマイクロクライメットは乾燥と風が特徴です：
太陽の光、それは母なる自然の魔法、成長に最も必要な要素、そして乾燥は海風と濃い霧が、水分を充分補給し自然にバランスを取っています。風がきれいな空気を保持し、まさにエコシステムそのもののエーゲ海です。

島のぶどうの木もユニークで、際限なく吹く風から身を守るため、バスケットのような形をしていて、ぶどうはそのバスケットの中で育ちます。

↓ Romantic and dramatic Santorini

↓ アシルティコ種

サントリーニ（白、辛口）、ヴィンサント（白、甘口）　輸入発売元：株式会社アドリアインターナショナル
商品の問い合わせは「お客様相談室」まで。(03)5473-8071

SIGALAS OINOPIIA
ワイン・ポートフォリオ

▶ **サントリーニ・シガラス（白、辛口、O.P.A.P. サントリーニ）**
SANTORINI SIGALAS (White, Dry, Appellation of Origin Santorini of High Quality)
品種：アシルティコ種１００％
特徴：淡い緑色の反射光をもつ籾殻のような黄金色。長持ちするレモンの香りと柑橘類の香りがこの品種の特徴。アロマを引き立たせる酸味、そしてフリスキーで心地よい後味を出す特別な構成となっている。
飲み頃温度：１０－１２℃。魚料理、白ソースの白身肉料理。

▶ **サントリーニ・シガラス・バリック（白、辛口、O.P.A.P. サントリーニ）** 〔有機栽培〕
SANTORINI SIGALAS BARIQUE(White, Dry, Appellation of Origin Santorini of High Quality)
品種：アシルティコ種１００％
特徴：明るい黄金色。柑橘類を基盤とした上等な木の香り。全体はバランスよく洗練されている。酸味はコク深く、長続きする。
飲み頃温度：１２℃。魚料理、香辛料入り白ソースの白身肉料理、燻製チーズとサーモン。

▶ **シガラス・ニャベロ（白、辛口、テーブルワイン）**
SIGALAS NIAMPELO (White, Dry, Table wine)
品種：アシルティコ種１００％
特徴：緑系の放射線を少しもつ茶褐色系黄金色。柑橘類と成熟したフルーツの香り。全体をフリスキーにする酸味と心地よい後味をもつ。
飲み頃温度：１０－１２℃。シーフード、白身の肉やサラダに最適。

▶ **シガラス・ニャベロ（赤、辛口、テーブルワイン）** 〔有機栽培〕
SIGALAS NIAMPELO (Red, Dry, Table wine)
品種：マンディラリア種、マヴラシリ種
特徴：赤色のフルーツ調に清涼で心地よい香りをもつ。まろやかでバランスがよく、のど越しがよい。
飲み頃温度：１８℃。赤身肉のロースト、煮物、室温で食べるナチュラルチーズ。

▶ **メツォ（白、辛口、O.P.A.P. サントリーニ）**
MEZZO (White, Dry, Appellation of Origin Santorini of High Quality)
品種：アシルティコ種、アシリ種、アイダニ種
特徴：6-8日間太陽の下で干したブドウから醸造する伝統的な白。樫の樽で一年間熟成する。オレンジ色、きらきら輝く黄金色。本体と酸味の素晴らしい組み合わせをもち、香りと味わいの複雑さが出ている。長続きする後味。熟成させることもできる。
飲み頃温度：１１℃。濃い味のチーズ、ドライフルーツ、お菓子。

▶ **ヴィンサント（白、辛口、O.P.A.P. サントリーニ）** 〔有機栽培〕
VINSANTO (White, Dry, Appellation of Origin Santorini of High Quality)
品種：アシルティコ種、アイダニ種
特徴：８－１０日間太陽の下で干したぶどうから醸造する伝統的な白。樫の樽で2-3年間熟成する、ボトルに一年間。オレンジ色、きらきら輝く黄金色。ドライ・キャラメルフルーツのアロマから豊かで複雑なダイナミックな香り。上等な本体と酸味、洗練され、長続きする味わい。長期間熟成させることもできる。飲み頃温度：１１℃。濃い味のチーズ、ドライフルーツ、お菓子。

DOMAINE SKOURAS
ドメーヌ・スクラス

■ エステート

　ドメーヌ・スクラスの経営者、イノロジスト（ワイン学者）、そしてワイン醸造者でもあるジョージ　スクラスは、3000年以上の歴史を持つペロポネソスのアルゴスで生まれました。80年代前半、彼はフランスのディジョンで農業を勉強し、地元のワイン製造者にブルゴーニュワインを教わりました。強い印象と直感を受け、彼のディオニッソス的部分が強まり、ワイン学に変更する事にしました。ディジョン大学を卒業し、フランス、イタリア、そしてギリシャのワイナリーで働きました。

　1986年、スクラスは最初のワイナリーを、アルゴスに近いピルゲラという小さな町に設立しました。アルゴスは古い歴史を持つ都市でネメア渓谷とミケーネの中間に位置します。両方とも古代から有名で、ヘラクレスがぶどう畑を荒らしていたネマのライオンを殺し、アガメムノン王がネメアワインを金の杯で楽しんだという、逸話があります。

　1988年には彼のパイオニア的ワイン、赤キュヴェでは唯一の地元アギオルギティコ種とインターナショナルなカベルネ・ソーヴィニヨンをブレンドした素晴らしいメガス・イノスを発表しました。メガス・イノス（素晴らしいワインの意）はギリシャだけだなく、海外の市場でも上質のワインとして有名になりました。

　1996年に、彼はネメア O.P.A.P. 地域として指名されている、標高700mに位置するギムノという田舎町にワイナリーを設立しました。ギリシャのルーフガーデンとして知られるギムノは、樹齢50年のアギオルギティコ種ぶどう畑の本場です。このぶどう畑で採れたものがメガス・イノス赤に使われます。

　今日ドメーヌ・スクラスはギリシャのエステートの中でも先頭を走り、勢いに溢れ、鋭い集中力を持って将来に向かっています。国内、海外両方で需要が高まり、スクラスのエステートボトリングされたワインは、アルゴスのすぐ近くにある超モダンなワイナリーの完成を早める事になりました。現在は工事中ですが、ヴィジター用の応接室も作られる予定です。

　ドメーヌ・スクラスはぶどうを自社のぶどう畑と、長年親しく協力してきた地元のぶどう生産者から調達し、品種の完全な状態と最上の質を確保する事に力を注いでいます。

　ペロポネソス、その輝かしい過去の栄光が残した古代遺跡が豊富なこの地域では、何世紀にも渡ってぶどう栽培が行われてきました。東北地方にはミケーネとエピダヴロスがあり、ぶどう畑にとっては天国のようです。伝統的な品種ではネメア、アルゴリダ、アルカディア、マンティニア、更に、ロディティス、スクラヴァ、モスコフィレロ（白品種）、それにアギオギティコ（赤品種）。インターナショナルな品種は、シャルドネ、ヴィオニエ、カベルネ・ソーヴィニヨン、そしてメルローも栽培されています。

設立：　1986　オーナー：　ジョージ・スクラス
ぶどう畑専門家：　アリスティディス・ズジアス
ぶどう畑専門家－ワイン学者：　バビス・ムルキョティス
ワイン学者－ワイン製造者）：　ジョージ・スクラス
輸出部長：　ノエル・ガレア
年間生産量：　60,000 ケース
ワイナリー：ピルゲラのアルゴス町、ネメアのギムノ、他

DOMAINE SKOURAS

ワイン・ポートフォリオ

▶ **グラン・キュヴェ・ネメア（赤、辛口、O.P.A.P. ネメア）**
GRAND CUVEE NEMEA(Red, Dry, Appellation of Origin Nemea of Superior Quality)
品種：アギオルギティコ種１００％
特徴：伝統的なヴィニフィケーション赤ワイン。ステマー・クラッシャー、１２－１４日間のスキンコンタクト、低温プレッシャーのアルコールとマロラクティック醗酵、アリエーバレルで１２ヶ月間の熟成過程を経、更に６ヶ月間ボトルで寝かされます。とても深い赤色、スタイリッシュで強い性格。弾むような舌触りでブラックチェリーと強い酸味。エキゾチック。ネメア高地のアスプロカムポス産。
飲み頃温度：１６－１８℃。

▶ **メガス・イノス（赤、辛口、ペロポネソス・トピコスワイン）**
MEGAS OENOS (Red, Dry, Regional Wine of Peloponnese)
品種：アギオルギティコ種８０％、カベルネ・ソーヴィニヨン種２０％
特徴：新しい樫の樽に入れ、セラーで一年間熟成させた。伝統的ヴィニフィケーションの赤ワイン。ステマー・クラッシャー、１４日間のスキンコンタクト、低温プレッシャーのアルコールとマロラクティック醗酵。繊細な逸品。深紫のチェリーと優しくスモーキー。濃厚な味、長く魅力的なフレーバーとカベルネのフィニッシュ。上質の傑作。　飲み頃温度：１８℃。

▶ **メガス・イノス（白、辛口、ペロピネス・トピコスワイン）**
MEGAS OENOS (White, Dry, Regional Wine of Peloponnese)
品種：モスホフィレロ種１００％
特徴：伝統的ヴィニフィケーションの白ワイン、ステマー・クラッシャー、ロー・プレッシャープレス、１６℃に温度調整して醗酵。バターのような黄色、松脂とライムの香り。エレガントでバランスの良いフルーツ系、舌触りが軽く、濃厚な緑とアーモンドのフィニッシュ。
飲み頃温度：１２℃。

▶ **セント・ジョージ・ネメア（赤、辛口、O.P.A.P. ネメア）**
SAINT GEORGE NEMEA (Red, Dry, Appellation of Origin Nemea of Superior Quality)
品種：アギオルギティコ種１００％
特徴：香りの良いぶどうで、舌触りとボディーの優れたワインを造ります。伝統的なヴィニフィケーション赤ワイン。ステマークラッシャー、１０日間のスキンコンタクト、低温プレッシャーのアルコールとマロラクティック醗酵、アリエール　バレルで１２ヶ月間の熟成過程を経、更に６ヶ月間ボトルで寝かされます。バランスが良くて舌触りが素晴らしく、フルーツが強い長くて濃厚なフィニッシュ。飲み頃温度：１８℃。

▶ **キュヴェ・プレスティジュ（白、辛口、ペロピネス・トピコスワイン）**
CUVEE PRESTIGE (White, Dry, Regional wine of Peloponnese)
品種：ロディティス種、モスホフィレロ種
特徴：伝統的なヴィニフィケーション白ワイン。ステマークラッシャー、ロー・プレッシャー、厳選されたイーストを加え低温に設定し醗酵。薄いプラチナがかった緑。フローラルでフルーティーな香り。微妙にスパイシーでピーチのフレーバー。軽く新鮮で美味。
飲み頃温度：８－１０℃。

▶ **キュヴェ・プレスティジュ（赤、辛口、ペロピネス・トピコスワイン）**
CUVEE PRESTIGE (Red, Dry, Regional wine of Peloponnese)
品種：アギオルギティコ種６５％、カベルネ・ソーヴィニヨン種３５％
特徴：３０％マセラシオン・カルボニック（全てのぶどうはボージョレースタイル）７０％が伝統的ヴィニフィケーション、３－４日間の短いスキンコンタクト、気圧プレス、マロラクティック醗酵。中間－深い紫色。強いチェリーの香り。丸くソフトでフルーティーなネメアの逸品。
飲み頃温度：１６－１８℃。

E. TSANTALIS S.A.
ツァンタリス社

■ 設立

ツァンタリス一家のワインの伝統と蒸留の芸術は、1890年に北ギリシャの東トラキアで始まりました。エヴァンゲロス　ツァンタリスは土地に対する深い敬意と質への強いこだわりを基に会社を創設しました。この貴重な伝統は今でも彼の一族によって守られ、優れたワインと他の蒸留酒を生産し続け、世界36カ国で愛されています。

■ ぶどう畑

過去7年以上にわたって、ツァンタリスは約180万ポンドをぶどう畑の経営に投資しました。全400haのぶどう畑を、上質のぶどうが育つ各地域に新たに購入し、更に300haの現存するぶどう畑も再栽培されました。

ツァンタリスのぶどう畑は北ギリシャの魅力的な各地域に点在しています：
＊アソス山－80ha
＊ハルキディキ半島のアギオス・パブロス、20ha（ツァンタリスワイナリー＆ディスティラリーの本社）
＊東トラキアのマロニア、70ha
　（ツァンタリスワイナリー建設中）
＊ナウサ、マケドニア地方で最も有名な赤ワインのアペラション地域（ツァンタリスワイナリーは下記のようなワイン生産地における、地元のヴィティカルチャリストとも大変協力的な関係を保っています： 
＊テッサリーのラプサニ、オリンポス山の麓にある有名なアペラション地域 100ha（ツァンタリスワイナリーあり）
＊ハルキディキ半島、300ha
＊中央マケドニア、全580ha、契約生産者により管理
－東マケドニア、全150ha、契約生産者により管理

■ オーガニック（有機）

オーガニック農業とは自然の利を活用した方法（強い品種と栽培に適した方法）と、有機農業物質の両方が基になっています。有効な微生物を与える事で、有機農業は自ら物理的多様性を強化し、環境のバランスを維持します。現在、アソス山にある全ぶどう畑と、ハルキディキのアギオス・パブロスにある個人所有のぶどう畑はオーガニック栽培を行っています。

残る全てのツァンタリスぶどう畑は、統合されたぶどう畑経営哲学により運営され、ぶどうの質と環境保護を最大の目的に置き、上質のワインを生産する事を目指しています。

■ ワイナリー

ぶどう収穫からボトリングまでの道は、最新の設備と方法、そして優秀な人材により安全に作業されています。最新のヴィニフィケイション方法（冷却抽出法クリオエクストラクション、カーボニックマセレイション、etc.）を用いて品質の高いワイン造りを行っています。熟成とエージングは地下の石造りのセラーで行われ、エージングはバレルとボトル共にそれぞれの部屋で寝かされます。

輸入発売元：アサヒビール株式会社　商品の問い合わせは「お客様相談室」まで。0120-011-121

E. TSANTALIS S.A.

ワイン・ポートフォリオ

▶ **ツァンタリス・メトヒ（赤，辛口、アトス・トピコスワイン）**
TSANTALIS METOXI (Red, Dry, Mount Athos Regional Wine)
品種：カベルネ・ソーヴィニヨン種８０％、リムニオ種２０％
特徴：マロラクティック醗酵過程を経て、新アリエーバリックで８ヶ月、地下のセラーで一年間、ゆっくり時間をかけて熟成。カベルネ・ソーヴィニヨンの強く優しい香りと、ベルベットのような感触がリムニオの特徴。ステーキ オウ ポワーヴル、ロースト ラム リブ、アヒルのキャラメルソース、ゲーム料理、強い香りのチーズに最適。飲み頃温度：１８－２０℃。

▶ **ツァンタリス・ラプサニ・リザーヴ（赤、辛口、O.P.A.P. ラプサニ）**
TSANTALIS RAPSANI RESERVE (Red, Dry, Appellation of Origin Rapsani of High Quality)
品種：クシノマヴロ種３４％、クラサト種３３％、スタヴロト種３３％
特徴：２８℃まで温度調整されたイノックスタンクで、伝統的な赤ワイン醗酵過程を経ている。フランス製オークバレルで１年間、更にボトルで２４ヶ月間熟成される。エレガントなワイン、深い赤紫色、ベルベットの様に豪華で、上品なフィニッシュがエコーします。飲み頃温度：１８℃。ゲーム料理やリッチでスパイシーなソースの赤身肉料理、香りの強い熟成チーズに最適。

▶ **ツァンタリス・ラプサニ（赤、辛口、O.P.A.P. ラプサニ）**
TSANTALIS RAPSANI (Red,Dry,Appellation of Origin Rapsani of High Quality)
品種：クシノマヴロ種３４％、クラサト種３３％、スタヴロト種３３％
特徴：２８℃まで温度調整されたイノックスタンクで、伝統的な赤ワイン醗酵過程を経ている。フランス製オークバレルで１年間、更にボトルで１年間熟成される。明るく深いルビー色、ブーケとスパイス、ドライフルーツの裏に優しい香りと明らかに成熟した特別な香りが隠れている。丸くバランスの良いフレーバーでベルベットのような感触と優しいフィニッシュが長く残る。飲み頃温度：１８℃。フォアグラ、鳥料理、あっさりした味付けの赤身肉料理、香りの強いチーズなど。

▶ **ツァンタリス・アシリ（白、辛口、マケドニア・トピコスワイン）**
TSANTALIS ATHIRI (White, Dry, Makedonikos Regional wine)
品種：アシリ種１００％
特徴：温度調整されたイノックスタンクで、伝統的な(classic)白ワイン。醗酵過程を経ている。明るい緑がかった黄色、優しい花の香りとピリッとしたフィニッシュ。飲み頃温度：１０－１２℃。太刀魚の串焼き、オイスター、野菜のグリル、軽いチーズとフルーツに最適。

▶ **ツァンタリス・ネメア（赤，辛口，O.P.A.P. ネメア）**
TSANTALIS NEMEA (Red, Dry, Appellation of Origin Nemea of High Quality)
品種：アギオルギティコ種１００％
特徴：新アリエーバリックで６ヶ月程熟成させたもの。収穫は９月初めから１０月にかけて行われる。温度調節された伝統的なワインヴィニフィケーション。ぶどうの皮はワインと共に更に５日間、一緒に寝かされる。フルーティーで、リッチなバニラの香り。素晴らしい深みがある。飲み頃温度：１８℃。

▶ **ツァンタリス・ナウサ（赤，辛口，O.P.A.P. ナウサ）**
TSANTALIS NAOUSSA (Red,Dry,Appellation of Origin Naoussa of High Quality)
品種：クシノマヴロ種１００％
特徴：２６－３０℃で温度調節された、伝統的な赤ワイン醗酵過程を経ている。フランス製オークバレルで１年間、更にボトルで熟成される。フルボディーで赤いルビー色、香りは熟したベリー類と新しいオークのアクセント、バランスが良くエレガントなロングフィニッシュ。飲み頃温度：１９℃。ラム肉、バーベキュー、スパイシーなソースの肉料理などに最適。

E. TSANTALIS S.A.
ワイン・ポートフォリオ

▶ アトス山・ヴィネヤルド（赤、辛口、アトス山・トピコスワイン）
MOUNT ATHOS VINEYARDS (Red, Dry, Mount Athos Regional wine)
品種：リムニョ種５０％、グルナッシュ種５０％
特徴：二つのヴァラエティーを兼ねる赤ワインで、深紅色、熟した赤色のフルーツを連想させ（プラム、チェリー）オークとスパイスのバックグラウンドと、活き活きとした酸味、ソフトでフルな優しいフィニッシュ。飲み頃温度：１６－１８℃。ジューシーなステーキ、パスタと熟したチーズに最適。鴨料理と地中海料理にも最高。

▶ アトス山・ヴィネヤルド（白、辛口、アトス山・トピコスワイン）
MOUNT ATHOS VINEYARDS (White, Dry, Mount Athos Regional wine)
品種：アシルティコ種７０％、アシリ種３０％
特徴：二つのヴァラエティーを兼ねたワイン、薄い白で素晴らしいフルーツの香り。バランスの良い、クリーンでクリスプ、フィニッシュが長くシトラスのアクセント。
飲み頃温度：１２－１３℃。オードブル類、魚介のグリル、白身肉料理に最適。

▶ ツァンタリス・アレキサンダー（赤、辛口、マケドニア・トピコスワイン）
TSANTALIS ALEXANDER (Red, Dry, Makedonikos Regional wine)
品種：クシノマヴロ種７０％、カベルネ・ソーヴィニヨン種３０％
特徴：明るいヴァイオレットがかった赤、優しい香りとフレッシュフルーツのストラクチャーが良く、スムーズでフルーティー、はっきりとしたスグリの味。
飲み頃温度：１７℃。パスタ類と鳥料理、軽い味付けの赤身肉やミックスグリル、マイルドなフレーバーのチーズに最適。地中海料理にも最高。

▶ ツァンタリス・アレキサンダー（白、辛口、マケドニア・トピコスワイン）
TSANTALIS ALEXANDER (White, Dry, Makedonikos Regional wine)
品種：ロディティス種６５％、ソーヴィニヨン・ブラン種３５％
特徴：ビビットな色、優しい香りにトロピカルフルーツのアクセント。上質でバランスの良い、クリーンでクリスプ、長いフィニッシュ。
飲み頃温度：１０－１２℃。オードブル類、海の幸、鳥料理、軽いチーズに合う。魚のグリル、海老のトマトとペッパー和え、チキンのオレガノソースとライス添え等に最適。

▶ ツァンタリス・ハルキディキ（赤、辛口、ハルキディキ・トピコスワイン）
TSANTALIS HALKIDIKI (Red, Dry, Halkidiki Regional wine)
品種：クシノマヴロ種７０％、メルロー種３０％
特徴：温度調節されたイノックスタンクで、伝統的な赤ワイン醗酵過程を経ている。深紅色で、フルーティーなワイン、フィニッシュにフルーティーな香り。
飲み頃温度：１５－１７℃。様々な料理に合うワインで、特にミックスグリル、黄色いチーズと鱒のスモークに最適。

▶ ツァンタリス・ハルキディキ（白、辛口、ハルキディキ・トピコスワイン）
TSANTALIS HALKIDIKI (White, Dry, Halkidiki Regional wine)
品種：ロディティス種５０％、ソーヴィニヨン・ブラン種５０％
特徴：温度調節されたイノックスタンクで、クラシック白ワイン醗酵過程を経ている。輝く黄緑色、フルーティーでラズベリーと青りんごの香り、フィニッシュは爽やかな味。
飲み頃温度：１２－１３℃。様々な料理に合うワインで、特にオイスター、魚のグリル、軽いチーズとフルーツに最適。

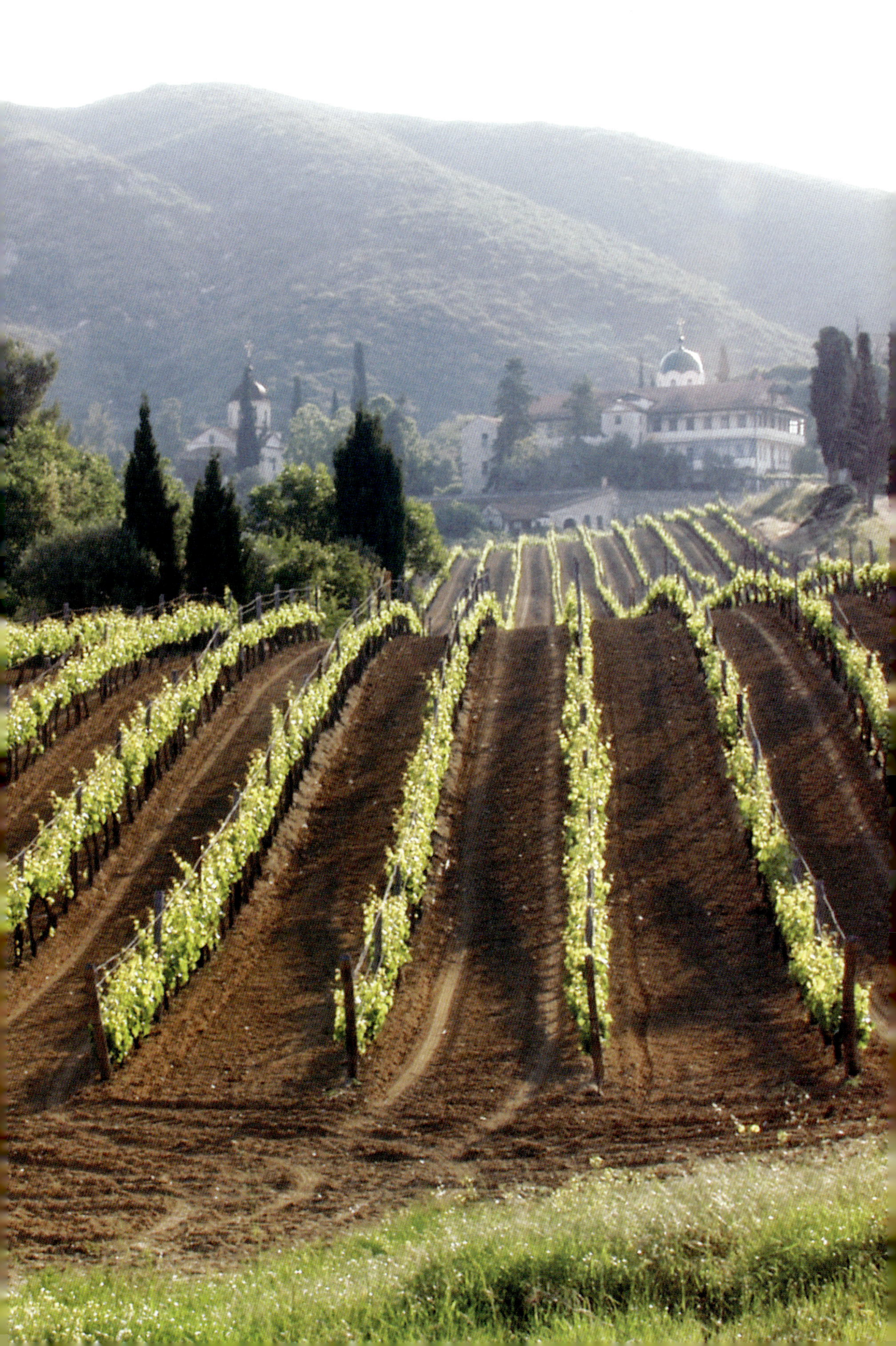

DOMAINE TSELEPOS
ドメーヌ・ツェレポス

■ 歴史

ドメーヌ・ツェレポスは小規模の家族経営エステートです。ヤニスとアマリア ツェレポスにより、1989年にテゲア地方のトリポリから14km南に位置するパルノン山の山腹に設立されました。テゲアはペロポネソス半島のアルカディア地域の中心地です。標高700mの天候はヴィティカルチャーにとっては最適で、ぶどう生産に最高のコンディションをもたらしてくれます。南ギリシャに位置しますが、冬は雪、雨、霧が多い大陸性の気候です。夏は暑くても焼けつくような暑さではなく、収穫は10月の終わり頃まで続きます。

この地域でのぶどう栽培の伝統は、古代に遡ります。ホメロスもディオニソスの息子、パン神を称えたディオニソスのお祭りと"ぶどうの豊富なマンティニア"に関して文献を残しています。

ペロポネソスのぶどう畑、特にモスコフィレロ種とアギオルギティコ種に関しての15年間に渡る大変な調査の結果、ディジョン大学出身のワイン学者、ヤニス ツェレポスは最初のマンティニア アペラション オブ オリジンを完成させました。ツェレポスはエコーシステムと素晴らしい結果をもたらしてくれる、このマンティニアの山岳地帯で、外国品種も試してみました。

■ ゲストハウス

エステートの敷地内にはゲストハウス付きの近代的なワイナリーがあり、圧縮機、スチール製タンク、冷却装置、地下セラー、フランス製オークバレルとカウンタープレッシャーボトリングライン等を完備しています。ワイナリーは伝統的な建物です。ワイナリー、地下セラー、ボトリング工場で働く社員たちは全員、チームワークを重んじ、情熱を持って仕事に打ち込み、結果、最高の品質を誇る商品を作り出しています。

■ 現在

ドメーヌ・ツェレポスのぶどう畑は約12haに及びます。ぶどうはマンティニア周辺とネメア近郊から取り寄せられています。ぶどう畑拡大の計画が達成されれば、ワイナリーは年間20万本を生産する予定です。

全てのワイン生産工程は、ヤニス ツェレポスの指揮下で行われています。

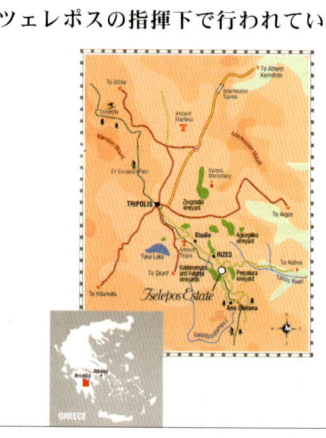

DOMAINE TSELEPOS
ワイン・ポートフォリオ

▶ **ヴィラ・アマリア**（メソード トラディッショネル、ナチュラルスパークリングワイン）
VILLA AMALIA (Dry, Natural Sparkling Wine from Arcadia, Methode Traditionnelle)
品種：モスホフィレロ種１００％
特徴：収穫は特別早く、９月上旬にぶどうが１０ボーメ、酸が９gr/1tに達した頃行われます。ヴィラ アマリアは伝統的製法に則って造られた、上質のスパークリングワイン。ぶどうは軽く潰され、醗酵されている。ビン詰め後、二次醗酵され、地下セラーで２４ヶ月間寝かされます。ヴィラ アマリアはブリュットスタイルのスパークリングワインで、安心とその価値を提供してくれます。滑らかで、熟したフルーツと細かいソフトな泡立ち、全体的にフレッシュでドライなプロフィールです。

▶ **ツェレポス マンティニア**（白、辛口、O.P.A.P. マンティニア）
TSELEPOS MANTINIA (Dry, red, Appelation of Origin Mantinia Of High Quality)
品種：モスホフィレロ種１００％
特徴：マンティニアはモスホフィレロ種の濃い皮のため、ブラン・ド・グリのワインです。醗酵はステンレス製のタンクで温度は１３－１６℃で行われます。スタビライゼイション（安定）の後、１月に向けてワインはボトル詰めされます。マンティニア・ツェレポスは豊かでフルーティなアフターテイストと深いフローラルな香りを持つ、超ドライな白ワインです。そのナチュラルな酸味が活き活きとし、コンテンポラリーな食べ物に最適です。セラーにて更に２－３年寝かせても良いですが、最初の１５ヶ月間の未だ若く新鮮な内に味わうのが最高です。飲み頃温度：１０℃。

▶ **ツェレポス ネメア**（赤、辛口、O.P.A.P. ネメア）
TSELEPOS NEMEA (Dry, red, Apeelation of Origin Nemea Of High Quality)
品種：アギオルギティコ種１００％
特徴：茎の取り除き作業と１０日間のマセラシオンの後に、ぶどうは比較的高温で醗酵されます。ワインはそれから古いオークバレルに移され、更に最低１２ヶ月間熟成されます。ドライでベルベットな味。熟した赤いフルーツと甘いバニラオークが効き、いつでも楽しめるワインです。
飲み頃温度：１８－１９℃。

▶ **ツェレポス カベルネ**（赤、辛口、テゲア・トピコスワイン）
TSELEPOS Cabernet Sauvignon (Dry, Red, Regioanl Wine of Tegea)
品種：カベルネ・ソーヴィニヨン種７０％、メルロー種３０％
特徴：マセラシオンと醗酵は３－４週間。その後１２－１８ヶ月間、フランス製バレルで地下のセラーにて熟成されます。クラシックなストラクチャーでパワフルな赤ワイン、熟したフルーツの口当たりと上品でありながら生き生きとしたタンニンと酸味。
飲み頃温度：１９℃。

▶ **ツェレポス シャルドネ・オーク**（白、辛口、テゲア・トピコスワイン）
TSELEPOS CHARDONNAY OAK (Dry, White, Regioanl Wine of Tegea)
品種：シャルドネ種１００％
特徴：醗酵と熟成は新しいフランス製バレルで６ヶ月間行われます。更に、ボトルで６－１２ヶ月間。輝く濃い黄色、僅かなオーク、レモン、ドライナッツを連想させる魅力的な香り。
まろやかなバックグランド。
飲み頃温度：１０－１２℃。鳥や豚肉の白いソース添え、ロブスターやカニ、マイルドなチーズ。

TSANTALI OUZO
The spirit of Greece

ミレニアムを越えて、ギリシャの歴史を語る伝統的な蒸留酒

輸入販売元：㈱アドリアインターナショナル　105-0004 東京都港区新橋 4-31-6　Tel. 03-5473-8071　Fax. 03-5473-807

第8章
ギリシャのスピリッツ

◆ ギリシャのスピリッツ
　◇ ツィプロ、ツィクディア、ウゾ
　◇ ぶどう蒸留酒（アポスタグマ）
　◇ ブランデー
◆ メタクサ社
◆ パルパルシス社
◆ ツァンタリス社

ミティリニ　アニスの生産

ギリシャのスピリッツ

　ギリシャが世界地図に記す広大なワイン伝統の歴史ほどの威力はありませんが、ギリシャの蒸留酒もまた、ギリシャ移民の歴史と直接的に結びつき、長い伝統を誇っています。黒海のロシア沿岸、コンスタンチノーポリス、スミルナ、アレキサンドリアそして現ギリシャの中央部、マケドニア、テッサリア、ピレウス、ペロポネソス、トラキア、クレタ、そして特別にミティリーニなどが主な地域です。様々な名前で有名な蒸留酒がつくられ、その一つ一つが特徴をもっています。いたる所で今日へと受け継がれる伝統が作られてきました。

　グローバル化した現代に、国際舞台で他を圧倒する強力な「宣伝力」をもつ他の国の「蒸留酒」に対抗して、ギリシャの蒸留酒は伝統と発展のための戦いを挑んでいます。

伝統的なギリシャの蒸留酒は４つのカテゴリーに分類することができます

① ツィプロ ＆ ツィクディア　　③ ぶどう蒸留酒（アポスタグマ）
② ウゾ　　　　　　　　　　　　④ ブランデー

ツィプロ ＆ ツィクディア
（ぶどう圧搾後に残る絞りかすを蒸留する）

ウゾ
（香りのある種を入れて蒸留する）

　ぶどうの搾りかすとは、ぶどうを圧搾した後に残る少量のジュース、種子そして皮です。イピロス、テッサリア、マケドニアでは「ツィプロ」と呼び、クレタでは「ツィクディア」と呼ばれています。発酵が終わると（圧搾から約一ヵ月後）、発酵している残りかすを蒸留します。この蒸留によって伝統的な「ツィプロ」あるいは「ツィクディア」がもっている多くのアロマと芳醇な味覚が解き放たれます。ツィプロであってもツィクディアであっても様々な香りを持つ種子、例えばアニスとかウイキョウ、その他の種子を入れて蒸留されます。香りある種子を入れずに蒸留すると、できた蒸留酒は熟成させることができます。

　この蒸留酒を再度蒸留すると、つまり二度蒸留すると更に味が良くなります。「ツィプロ」でも「ツィクディア」でも伝統的なものには、ヨーロッパ規定によってギリシャ製品にのみ独占的に認められていて、産地名の記載と地形図をラベルにすることができます（例えばマケドニアのツィプロ、テッサリアのツィプロ、クレタのツィクディアなどのように）。普通マケドニアとテッサリアで生産されるツィプロは、香りの種子を入れて蒸留しますが、クレタのツィクディアは香りの種子を入れずに蒸留します。

　広く知られているギリシャの蒸留酒ウゾは下記の方法で蒸留されます。ウゾもヨーロッパの法規制が独占的にギリシャが用いることを認めた名称です。ウゾ本体は農産物のアルコール、つまりウゾを作り出すために蒸留されるアルコールで、それはぶどう、干し葡萄、ビート、あるいはその他の農産物から取ります。この農産物に多くの芳香植物、その主なものはアニス、ウイキョウの種子、ヒオス島のマステック、カルダモン、コリアンダー、菩提樹、その他のハーブを入れて純粋なアルコールが蒸留されます。それぞれのウゾには伝統的な「レシピ」があり、それによって特徴を出そうとしています。生産者はみな自分で芳香植物、ハーブの選択と割合を決め、それらと一緒に蒸留します。また、３回蒸留するなど特別な方法を用いることもあります。

　「蒸留されたウゾ」、これは普通アルコール度数65－75度と高いので薄めますが、その水は軟水でなければウゾの品質に影響を与えます。もう一つ、ウゾの品質にとって重要な要素は、蒸留が銅製ボイラーで行われることです。銅は熱伝導率がよい上に蒸留酒の味をまろやかにします。96度の中性アルコールは水で薄められ、ボイラーに入れられ、そこに芳香種子やハーブが加えられます。

ギリシャのスピリッツ

ぶどう蒸留酒（アポスタグマ）

（発酵したぶどうのジュースとその絞りかすだけでつくる蒸留酒）

　最初に摂れる蒸留酒全体の約3－5％部分は、強く不快な物質を含んでいます。これは蒸留の「頭」にあたります。続いて蒸留の「心臓」で、高品質のウゾを生産するために必要な芳香物質すべてが摂れます。最後に、蒸留の「尾」は全体の約20-25％に当りますが、これは二次蒸留し、重くて強い物質を最後に排除するためです。第一回目の蒸留「心臓」部分は再度水で薄められ、同じ方法で「頭」「心臓」「尾」と再び蒸留されます。現在、ウゾはギリシャ人が愛する蒸留酒であるだけでなく、国際市場において同じような商品、例えばフランスのパスティス（Pastis）、イタリアのザンブカ（Sambuca）、スペインのアニス（Anis）などとの熾烈な競争においてギリシャ蒸留酒の主たる大使となっています。

　国家・地域の法制度に基づいている商品が「ぶどう蒸留酒」です。ぶどう蒸留酒はいつも「頭」「心臓」「尾」と同じ蒸留過程を踏んで二度目に蒸留される酒です。この場合は二次ぶどう蒸留酒と呼ばれています。この新鮮な蒸留酒はすべてのアロマをもち、原料として用いられるぶどうの品種がもつ味覚的特徴をもちます。これら蒸留酒の一部は小さな樫樽で6－12ヶ月間熟成させます。成熟させることで特別な黄金色となり、豊潤でまろやかな味を出します。これは新鮮で成熟させていないぶどう蒸留酒に対して熟成ぶどう蒸留酒と言われています。

| アニス | フェンネル | スターアニス | アンゲリカ |

ウゾ生産に使用されるハーブとスパイス
herbs and spices used for the production of OUZO

| カルダモン | リンデン | コリアンダー | カルダモン |

ギリシャのブランデー

ブランデー
（ワインを蒸留してつくる）

　蒸留酒の4番目のカテゴリーはワインの蒸留酒で、それからブランデーが生産されています。フランスのワインを蒸留酒(au du vin)にして各地でCognac、Armagnacのように生産されています。ドイツ産はweinbrand、イタリア産はDistilato di vino、同じようにスペインやポルトガル、その他にもあります。ワインの蒸留酒は地域規定に基づくと、ビン詰する前に少なくとも6ヶ月間樽で熟成させなければなりません。過去においてギリシャでは蒸留酒のこのカテゴリーは特に発展し、盛んでしたが、現在ギリシャのワイン蒸留酒は空白と言っていいほど少量です。少量のワイン蒸留酒に対して、ワイン蒸留酒と中性アルコールワインの混合から生産される「メタクサ」のような様々なアルコール酒が大量に市場に出回っています。

　ギリシャのどの蒸留酒を選択するにしても、ギリシャの伝統に「信頼の投票」をされるでしょう。また、保存されるべき伝統酒に信頼の一票を投じることでしょう。

S.E.A. METAXA S.A.

メタクサ

■ 超えがたい質とユニークな味

　スピロス・メタクサは、そのキャラクターとカリスマで知られていました。古代ギリシャワインに感化され、ギリシャ特有の商品を開発し、それを通してギリシャのライフスタイルを世界に広める意思に燃え、1888年にメタクサを完成させました。

　メタクサは、ギリシャの太陽とライフスタイルをボトルに詰めたような飲み物です。伝統的なダブル蒸留液は最長30年物で、エーゲ海のサモス島とリムノス島の熟したマスカットワインとブレンドされます。

　メタクサはそれ自体がカテゴリーになり得る飲み物です。ただのブランデー以上、世界中のあらゆるスピリッツとも違う飲み物です。深い金色、濃厚な味と香り、その一滴々々にギリシャライフの情熱が込められています。

■ 遺産

　メタクサは、1888年にピレウスでメタクサ・ディスティラリーを創設したスピロス・メタクサの情熱と、アッティカの太陽と大地に、その創造性を負うところが多くあります。メタクサは間もなく、ギリシャと周辺国やヨーロッパ中に知れ渡りました。同時に、ギリシャ、セルビア、ロシアの王室の御用達となりました。1900年に初めてアメリカへの輸出を行いました。

　スピロス・メタクサの甥達が、1968年に現在の蒸留所をアテネ北の郊外、キフィシアに建てました。

　メタクサの名は世界中に知れ渡り、数え切れないメダルと賞や名誉を獲得しています。現在メタクサは、世界で最も規模の大きいスピリッツ製造の100社に入り、世界110カ国で愛されています。

■ 生産

　メタクサ創立から100年以上経った今も、伝統とスピロス・メタクサの指示に則り、細心の注意と厳密さを守り生産が行われています。全てのメタクサ商品はエーゲ海の太陽に2,000時間以上も照らされたぶどうで出来ています。ギリシャ産の2種類のぶどう（サヴァティアノ種とロディティス種）は特別なワインに用いられてきました。ダブル蒸留過程を経て、このワインは手作りのリムザン・オーク・カスクで、タイプにより3-30年間熟成されます。

　熟成された蒸留液はリムノス島とサモス島のマスカット・ワイン、不純物の無いピュアな水、そしてハーブとバラの花びらを使った秘密のレシピを用いてブレンドされます。その後、手作りのカスクに再度移されます。この"結婚"はメタクサに比類ない微妙で繊細な香りを与えます。ユニークな生産過程が他のどんなブランデーにもない味を創造しているのです。

■ メタクサの楽しみ方

　正統派はストレートで。オン・ザ・ロックや水割り、レモンを絞ったり、コーラやジンジャエールで割るのも人気があります。どのように飲んでも、地中海の太陽がメタクサを輝かせているのがわかります。

S.E.A. METAXA S.A.

スピリッツ・ポートフォリオ

メタクサ・プライベート・レゼルブ
25年物、最上級のクォリティー。
METAXA PRIVATE RESERVE （25 years old）
上品なクリスタル製ボトルに入ったメタクサ・プライベート・レゼルブは、最長25年物の蒸留液ブレンドから造られました。
深く美しい琥珀色、完璧なバランスと微かな木とマスカットの香り。濃厚でフルなボディーに強いマスカットの後味。
ストレートが最高

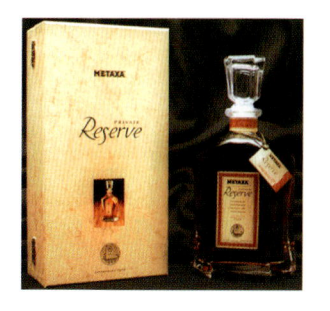

メタクサ・グランド・オリンピアン・レゼルブ
15年物、最上級のクォリティー。
METAXA GRAND OLYMPIAN RESERVE （15 years old）
古代ギリシャのロドス島からインスピレーションを得てデザインされたボトル。
深い金色、バランスが良く、レーズン、バニラ、木の香りが強い。フルボディーで滑らか、微かなバニラの味
ストレートが最高

メタクサ7★
7年物
METAXA 7★ （7 years old）
多くの賞に輝いたプレミアム・スピリット。古代アンフォラ形のボトル入り。
深い黄金色、7年物の蒸留液から造られました。フルボディーで、微かなバニラの香り。バランスの良い後味。
ストレートが最高

メタクサ5★
5年物。
METAXA 5★ （5 years old）
微かなフルーティーテイストの、クラシックなギリシャ・ブランデー。
メタクサ一家に一番愛されているブランデー。数多くのメダルと賞を獲得しています。深いハチミツ色と微かなスモーキーフレーバーが、アッティカの熱い太陽を想起させます。5年間熟成された蒸留液から造られます。
ストレートが最高

A.S. PARPAROUSIS & CO
パルパルシス社

■ 歴史

A.S. パルパルシス醸造は1974年ワイン醸造者サナシス・パルパルシスによって良質のビン詰ワイン生産を目的として創立されました。

醸造所はパトラスのボザイティカにある家族の敷地内にあり、そこでワインの醸造、成熟、熟成そしてビン詰が行われています。

同じ醸造所では、ギリシャで最も素晴らしいブランデーの一つが、限定量で製造されています。このブランデーはシデリテス種の60年以上のワインストックから造られています。

パトラスのボザイティカにある自社所有のぶどう畑から醸造所の大半のワインが造られています。

■ 人材

サナシス・パルパルシスはアテネ大学とフランスのディジョンで教育を受け、ギリシャに帰国したと同時に、ヴィティカルチャーと上質のワイン造りに専念しました。パトラス郊外にある彼のヴィラをワイナリーに改造し、残った土地にはぶどうの木が植えられました。

会社の伝統は二代目の二人の娘たちが引き継いでいます。エリフィリはぶどう畑と醸造を、もう一人のディミトラは販売を担当しています。

ヴィヌッム雑誌(VINUM)
ブランデー・デグスタション
スイス　10/1999

＊＊＊＊ (4つ星)
アポスタグマ・イヌ

透き通る水の色、クリアーなブーケ、バランスの取れた、強く長く残るアフターテイスト
コンペでは、イタリアから5種類、スペインから15種類、ユーゴスラビアから2種類、そしてギリシャから4種類のブランデーが競い合いました。ロングラスティングのアポスタグマ・イヌが優勝し、唯一の4つ星を授与されました。

A.S. PARPAROUSIS & CO
スピリッツ・ポートフォリオ

アポスタグマ・イヌ
（辛口・ブランデー）
ぶどう蒸留酒
APOSTAGMA OINOU AGED
(Dry, Brandy)
品種：シデリティス種100％。40％Vol.

　このブランデーはシデリティス種のぶどうから造られ、ぶどうが熟すのは11月下旬です。ブランデー用とワイン用のぶどうを選択する時は条件が違います。
最高の結果を出すために、未だ若く熟していないぶどうの、酸味が強く糖分が低い時期に収穫を行います。
このブランデーは上質で何層もの花の香りがひろがり、最高の逸品です。

蒸留は通常の単式蒸留機（アランビック・シャラント）で、一回で蒸留されます。
蒸留工程の中間に出来る、最上質の部分だけを厳選しています。

（蒸留工程の初めの部分はアルコールが強すぎ、終わり部分は香り、アルコール共に弱すぎるため使用しておりません）

ブランデーは新しいフランス製リムザンバレルで熟成されます。
　醗酵過程では、ブランデーの多様な性格が形成されます。そして、鑑定家に見てもらいます。

輸入発売元：株式会社アドリアインターナショナル
商品の問い合わせは「お客様相談室」まで。(03)5473-8071

E. TSANTALIS S.A.
ツァンタリス社

■ **歴史**

ツァンタリス一家の蒸留酒造りの伝統は1890年に始まり、東トラキアでぶどうの栽培と、蒸留酒、ウゾを製造しました。ツァンタリスの名は口々に広がり、ギリシャ中から業者たちが、この香りの良いウゾを買い付けにやって来ました。

変わる事のない品質が信頼となり、ツァンタリス・ウゾの人気はうなぎ上りで、会社は目覚しく発展していきました。1945年にエヴァンゲロス・ツァンタリスは、彼の最初の蒸留酒製造所で父親から引き継いだ一家の伝統と秘伝を継承していきました。

その後ツァンタリス・ウゾは、その変わらぬ品質と味で揺るがぬ地位を確立し、国際的にも多くの賞と名誉を獲得しました。今日、3代目ツァンタリスは創業者のヴィジョンを引き継いでいます。変わらぬ信条、心配りと献身により、引き続き素晴らしい上質のウゾを生産しています。エヴァンゲロス・ツァンタリス社の最大の焦点は品質で、ギリシャで最も広いぶどう畑、ワイナリーとディスティラー（蒸留酒製造所）を所有しています。

ツァンタリス・ウゾが受けた賞：
金賞：　　中国ワイン＆スピリッツコンペ2000
銀賞：　　ブリュッセル世界コンクール1999
銅賞：　　ロンドン、28回目国際ワイン＆スピリッツコンペ1997

ツァンタリス・ウゾ（TSANTALI OUZO）輸入発売元：株式会社アドリアインターナショナル
商品の問い合わせは「お客様相談室」まで。(03)5473-8071

E. TSANTALIS S.A.
スピリッツ・ポートフォリオ

ツァンタリス・ウゾ（TSANTALIS OUZO）
ツァンタリス・ウゾは伝統的なギリシャのウゾで、その深いブルーのラベルと同じ様にとてもギリシャ的です。ウゾ本来の伝統的な味は、世代から世代へ継承されていったツァンタリス一家の秘伝を基に製造されています。アニス他、企業秘密のハーブ類のエッセンスは、数回、蒸留される間、特許を得た伝統的な蒸留器によって守られ、特別な香りとフレーバーを有するツァンタリス・ウゾを造りだします。ツァンタリス・ウゾはあらゆる機会によく合います。そのままでもよし、冷やしてロック、又は水割にしてその透明色がミルキーホワイトに変わっていく様子を眺めるのもおつです。トマトやオレンジジュースと混ぜても美味しく、ギリシャ風前菜や、揚げ物、シーフードと相性が抜群です。

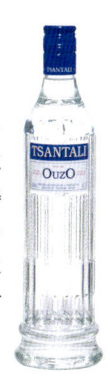

ツァンタリス・アポスタグマ・アポ・スタフィリ
(TSANTALIS APOSTAGMA APO STAFYLI)
完全に熟したぶどう、主にアレクサンドリア地方のモスホマヴロ種と、自然浄水を合わせて、この特別で最高に洗練された蒸留酒を造り出します。最高のぶどうと慎重なヴィニフィケーション。アルコール醗酵直後に時間を掛け蒸留し、品種の香りを保存する事に細心の注意を払い、蒸留液の心臓部分を厳選し、その心臓部のステンレスタンクでの熟成。これら全てがツァンタリス・アポスタグマ・アポ・スタフィリを最高の傑作に仕上げています。透明でリッチな香り、ソフトで上品な味がツァンタリス・アポスタグマ・アポ・スタフィリの特徴です。ショットとして凍らせても、ブランデーグラスで冷やしても最高です。洗練されたアルコールドリンクで、現代的な性格を有し、豪勢な食事の締めくくりにピッタリです。

アギオリティコ・ツィプロ（AGIORITIKO TSIPOURO）
アギオリティコ・ツィプロは、アソス山で栽培されている由緒正しい白品種のアシリ種とアシルティコ種から造られ、アギオリティコの意味は："アソス山"、ギリシャ語でアギオン・オロスです。ぶどうのヴィニフィケーション、マークを数回蒸留し、蒸留液の"心臓"だけをセレクトし、少量のワインと自然浄水を加えるのがアギオリティコ・ツィプロのクオリティーの秘密です。アギオリティコ・ツィプロにはアニスを加えていないので、水を足しても透明のままです。ダイナミックな香りと重厚な味、ぶどうの存在がはっきりしていて長く香りが残り、エヴァンゲロス・ツァンタリスの蒸留の技が凝縮されています。アギオリティコ・ツィプロを冷やして本物の味を発見して下さい。前菜（メゼ）と一緒に、又は食後のディジェスティフとしてどうぞ。

マケドニコ・ツィプロ（MAKEDONIKO TSIPOURO）
マケドニコ・ツィプロは、慎重に醗酵された白ぶどう品種のロディティス種から造られています。蒸留されると一番美味しい部分の"心臓"又は中心部分が選ばれ、2回蒸留されます。自然浄水とフェンネル（マケドニアンアニス）を加えます。フェンネルとぶどう品種自体の香り、ゆっくりとした製造過程で得た香りが調和して、嗅覚を刺激し、マケドニコ・ツィプロのソフトな味に色を添えています。そのままでも良し、氷や冷水を加えると優しく濃厚なエマルジョンを描きます。シンプルながら強いフレーバーを有し、シーフードやピクルス、塩漬けの魚等、塩気の多い、酢の効いた前菜に最適です。

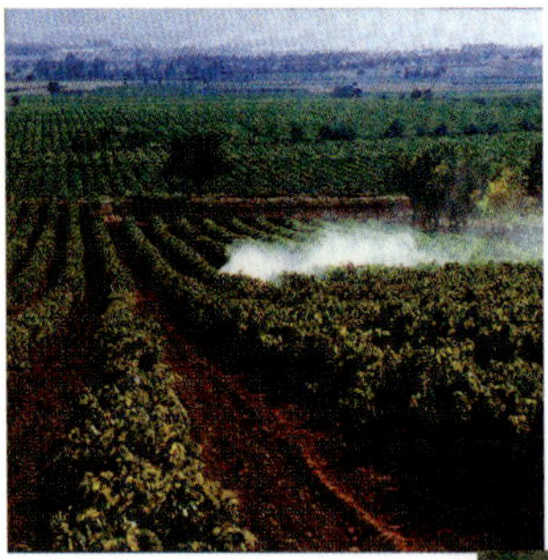

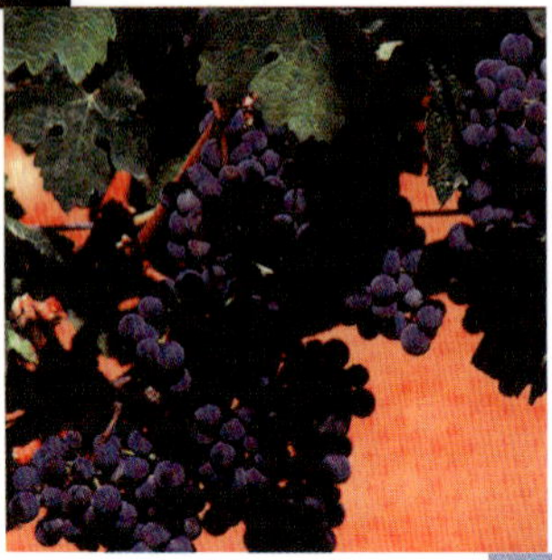

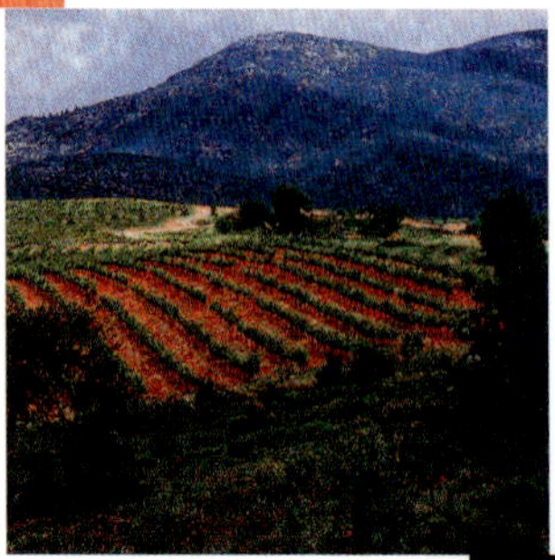

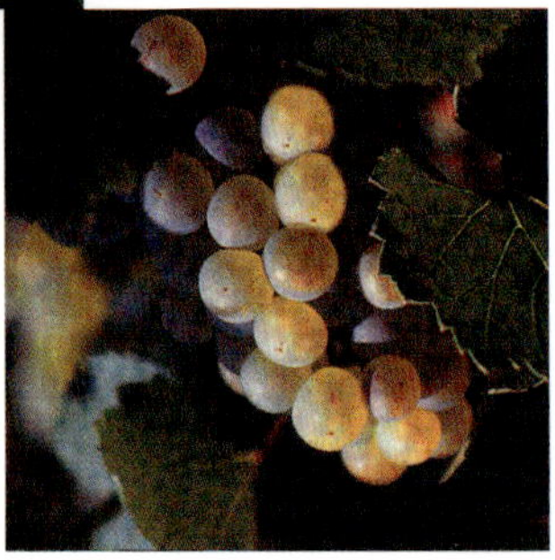

第9章
付録

- ◆ ワイナリー索引（英語）
- ◆ ワイナリー索引（日本語）
- ◆ ワイナリー「通称名 & 正式社名」
- ◆ ワイン索引(50音順) 日本語
- ◆ ワイナリー＆ワイン索引（A-Z）英語
- ◆ 現在日本に輸入されている
  ギリシャワイン
- ◆ 専門用語集
- ◆ ギリシャワイン会
- ◆ 後書き

ワイナリーリスト

1.-	ANTONOPOULOS	ANTONOPOULOS VINEYARDS	102-103
2.-	BESBEAS	BESBEAS ESTATE	104-105
3.-	BOUTARI	J. BOUTARI & SON - WINERIES S.A.	106-107
4.-	CRETA OLYMPIAS	CRETA OLYMPIAS S.A.	108-110
5.-	DOUGOS	DOUGOS ESTATE	112-113
6.-	EMERY	ENOTEKA EMERY	114-115
7.-	EFHARIS	EFHARIS ESTATE	116-117
8.-	GEORGA	GEORGA'S FAMILY	118-119
9.-	GEROVASSILIOU	DOMAINE GEROVASSILIOU	120-121
10.-	GIOULIS	DOMAINE GIOULIS	122-123
11.-	HARLAFTIS	DOMAINE HARLAFTIS	124-125
12.-	HATZIMICHALIS	DOMAINE HATZIMICHALIS	126-127
13.-	KATOGI KAI STROFILIA	KATOGI KAI STROFILIA	128-129
14.-	KOURTAKIS	GREEK WINE CELLARS D. KOURTAKIS S.A.	130-132
15.-	KYR-YIANI	KTIMA KYR YANNI	134-135
16.-	LICOS	LICOS WINES	136-137
17.-	PAPANTONIS	PAPANTONIS ESTATE	138-139
18.-	PARPAROUSIS	A.S. PARPAROUSIS & CO	140-141
19.-	PORTO CARRAS	DOMAINE PORTO CARRAS	142-143
20.-	REKLOS	REKLOS WINES	144-145
21.-	SAMOS	UNION OF VINICULTURAL COOPERATIVES SAMOS	146-147
22.-	SIGALAS	SIGALAS OENOPIIA LTD.	148-149
23.-	SKOURAS	DOMAINE SKOURAS	150-151
24.-	TSANTALIS	EVANGELOS TSANTALIS S.A.	152-154
25.-	TSELEPOS	AMPELONES A. TSELEPOU	156-157

オーガニック（ぶどう栽培）

1.-	GEORGA	GEORGA'S FAMILY	118-119
2.-	GIOULIS	GIOULIS	122-123
3.-	KATOGI KAI STROFILIA	KATOGI KAI STROFILIA	128-129
4.-	PORTO CARRAS	PORTO CARRAS	142-143
5.-	SIGALAS	SIGALAS OENOPIIA LTD.	148-149

スピリッツ社

1.-	METAXA	S.E.A METAXA S.A.	164-165
2.-	PARPAROUSIS	A.S. PARPAROUSIS & CO	166-167
3.-	TSANTALIS	EVANGELOS TSANTALIS S.A.	168-169

ワイナリーリスト

1.-	アントノプロス社	アントノプロス社	102-103
2.-	クティマ ベスベアス	クティマ ベスベアス	104-105
3.-	ブターリ社	ブターリ社	106-107
4.-	クレタ オリンピアス	クレタ オリンピアス	108-110
5.-	ドウゴス・エステート	ドウゴス・エステート	112-113
6.-	エノテカ・エメリ	エノテカ・エメリ	114-115
7.-	エフハリス・エステート	エフハリス・エステート	116-117
8.-	ゲオルガス・ファミリー	ゲオルガス・ファミリー	118-119
9.-	ドメーヌ・ゲロヴァシリウ	ドメーヌ・ゲロヴァシリウ	120-121
10.-	ドメーヌ・ギュリス	ドメーヌ・ギュリス	122-123
11.-	ドメーヌ・ハルラフティス	ドメーヌ・ハルラフティス	124-125
12.-	ドメーヌ・ハジミハリス	ドメーヌ・ハジミハリス	126-127
13.-	カトギ ケ ストロフィリャ	カトギ ケ ストロフィリャ	128-129
14.-	クルタキス社	クルタキス社	130-132
15.-	クティマ キル・ヤニ	クティマ キル・ヤニ	134-135
16.-	リコスワイン	リコスワイン	136-137
17.-	パパントニス・エステート	パパントニス・エステート	138-139
18.-	パルパルシス	パルパルシス	140-141
19.-	ドメーヌ ポルト・カラス	ドメーヌ ポルト・カラス	142-143
20.-	レクロスワイン	レクロスワイン	144-145
21.-	サモス協同組合	サモス協同組合	146-147
22.-	シガラス・エステート	シガラス・エステート	148-149
23.-	ドメーヌ・スクラス	ドメーヌ・スクラス	150-151
24.-	ツァンタリス社	ツァンタリス	152-154
25.-	ドメーヌ・ツェレポス	ドメーヌ・ツェレポス	156-157

オーガニック（ぶどう栽培）

1.-	ゲオルガス・ファミリー	ゲオルガス・ファミリー	118-119
2.-	ドメーヌ・ギュリス	ドメーヌ・ギュリス	122-123
3.-	カトギ ケ ストロフィリャ	カトギ ケ ストロフィリャ	128-129
4.-	ドメーヌ ポルト・カラス	ドメーヌ ポルト・カラス	142-143
5.-	シガラス・エステート	シガラス・エステート	148-149

スピリッツ社

1.-	メタクサ	メタクサ	164-165
2.-	パルパルシス	パルパルシス	166-167
3.-	ツァンタリス	ツァンタリス	168-169

通称名	正式社名	ページ
ANTONOPOULOS	ANTONOPOULOS VINEYARDS 25th Martiou 101, Paralia Patron, GR-602 00 Patras Tel./Fax: +30-61-052 5459 Athens Office: SANTAMAURA Tel: +30-10-762 0957, Fax: +30-10-762 2936 e-mail: santamaura@internet.gr http://www.santamaura.com Agents in Japan: NOSTIMIA CO., LTD. 1808-5 Godai, Naka-machi, Naka-gun, Ibaraki, 311-0111, Japan Tel: +81-29-298 2464, Fax: +81-29-298 2575 e-mail: nostimia@h9.dion.ne.jp	102-103
BESBEAS	BESBEAS ESTATE K. Tzavella 16, GR-152 35 Vrilisia, Athens, Greece Tel: +30-10-613 7181, Fax: +30-10-613 7103 e-mail: besbeas@symposio.com http://www.symposio.com/greekwine/estates/Besbeas_Estate.htm	104-105
BOUTARIS	J. BOUTARI & SON - WINERIES S.A. Head Offices: Monastiriou 134, GR 563 34, Thessaloniki, GREECE Tel: +30-31-070 6400, Fax: +30 31-077 0124 e-mail: info@boutari.gr http://www.boutari.gr	106-107
CRETA OLYMPIAS	CRETA OLYMPIAS S.A. Athens Office: Thisseos 330, GR-176 75 Kalithea, Athens, GREECE Tel.: + 30-10-941 9279, Fax.: + 30-10-940 3282 Winery: Kounavi, GR-701 00 Heraklion Crete, GREECE Tel.: +30-81 074 1383, Fax.: + 30-81-074 1323 e-mail: cr_olymp@hol.gr http: www.cretaolympias.gr	108-110
DOUGOS	DOUGOS ESTATE Winery: Xilokastrou 3, GR-413 35 Larisa, GREECE Tel.: + 30-49-509 3112 Office: Tel.: +30-41-062 0621, Fax.: + 30-41-053 0992 e-mail: dougos@otenet.gr http://www.dougoswinery.gr	112-113
EMERY	ENOTEKA EMERY S.A. Head Office: Afstralias 28 str, GR-851 00 Rhodes, GREECE Winery: Embona,Rhodes, GREECE Tel.:+30-24 604 1208, Fax: +30-24-604 1209 Athens Office(Exports): Tel.: +30-10-684 4336, Fax.: +30-10-682 0472 e-mail: triantaf@hol.gr http://www.emery.gr	114-115

通称名	正式社名	ページ
EVHARIS	EVHARIS ESTATE Athens Office: Lagoumitzi 24, GR-176 71, Athens, GREECE Tel.: + 30-10-924 6930, Fax.: + 30-10-924 6931 Winery: Mourtiza, GR-191 00 Megara, GREECE Tel./Fax: +30-2960-90346 e-mail: evharis@evharis.gr http://www.evharis.gr	116-117
GEORGA	GEORGA'S FAMILY G. Georga str 12, GR-190 04 Spata　Attica, GREECE Tel: +30-10-602 5404, Fax: +30- email:info@geowines.gr http://www.geowines.gr	118-119
GEROVASILIOU	DOMAINE GEROVASSILIOU P.O. BOX 16, GR-57500 Epanomi, GREECE Tel. +30-39-204 4567, Fax: +30-39-204 4560 e-mail: ktima@gerovassiliou.gr http://www.gerovassiliou.gr	120-121
GIOULIS	DOMAINE GIOULIS Klimenti, Kiato GR-202 00 Korinth GREECE Tel.: +30-74-203 3223, Fax: +30-74-203 3791 e-mail: gioulis@otenet.gr http://www.domaine-gioulis.gr	122-123
HARLAFTIS	DOMAINE HARLAFTIS L. Stamatas 11, GR-145 75 Stamata, GREECE Tel.: +30-10-621 9374, Fax: +30-10-621 9290 Nemea Winery: Axladia, Nemea, GR-205 00 Korinthos, GREECE Tel.: +30-74-602 4197, Fax: +30-74-602 4198 e-mail: wines@harlaftis.gr http://www.harlaftis.gr	124-125
HATZIMICHALIS	FARMA ATALANTIS AGR. S.A. 13th Km. National Road Athens-Lamia, GR-145 64 Athens, GREECE Tel. +30-10-807 5403, Fax:+30-10-807 6704 e-mail: farma@acci.gr http://www.hatzimichalis.gr	126-127
KATOGI & STROFILIA	KATOGI KAI STROFILIA A.E. Marathonodromou 59, P. Psihiko, GR-154 52　Athens, GREECE Tel. +30-10-677 8244, Fax:+30-10-671 5543, e-mail: averoff@otenet.gr http://www.katogi-strofilia.gr	128-129

通称名	正式社名	ページ
KOURTAKIS	GREEK WINE CELLARS D. KOURTAKIS S.A. Markopoulo, GR-190 03, Attica GREECE Tel. +30-29-902 2231, Fax:+30-29-902 3301 e-mail: kourtaki@otenet.gr http://www.kourtakis.net	130-132
KYR YANNI	KTIMA KYR YANNI Athens Office: Astronauton 19, Paradisos Amarousiou, GR-151 25 Athens, Greece Tel.: +30-10-683 1751, Fax: +30-10-683 1714 Winery: Yianakohori, Naoussa, Imathia Tel.:/Fax: +30-33-205 1100 Thessaloniki Office: Victoros Hugo 3, GR-546 25 Thessaloniki, Tel.: +30-31-052 0650 Fax: +30-31-052 4430 e-mail: sboutaris@ath.forthnet.gr http://www.geowine.gr	134-135
LICOS	LICOS WINES Malakonda, GR-340 08 Evia, GREECE Tel.: +30-22-906 8400, 68222, Fax: +30-22-906 8222 e-mail: lycos@hol.gr	136-137
PAPANTONIS	PAPANTONIS ESTATE Kanari 48, GR-212 00 Argos, GREECE Tel.: +30-75-102 3620, Fax.: + 30-75-102 4719 e-mail: medenaga@otenet.gr http://www.papantonis.gr	138-139
PARPAROUSIS	A.S. PARPAROUSIS & CO Proastio, GR-26 442, Patras, GREECE Tel.: +30-61-042 0334, Fax.: + 30-61-043 8676 e-mail: dparparousis@hotnail.com http://www.symposio.com/greekwine/estates/parparousis.htm	140-141
PORTO CARRAS	KTIMA PORTO CARRAS Athens Office: Solomou 20, Alimos, GR-174 56 Athens, GREECE Tel.: +30-10-996 9700, Fax: +30-10-995 5586 Chalkidiki Winery: Sithonia, GR-630 81 Halkidiki, Greece Tel: +30-37-507 1381, Fax: +30-37-507 1229 e-mail: portocarras@techol.gr http://www.portocarras.com/domainecarras/index.html	142-143
REKLOS	REKLOS WINES Agiou Dimitriou 118, GR-456 31 Thessaloniki GREECE Tel.: +30-31-027 8296, Fax: +30-31-023 1366	144-145
SAMOS	UNION OF VINICULTURAL COOPERATIVES SAMOS Malaghari, GR-831 00 Samos, GREECE Tel.:/ +30-27-302 7458, Fax: +30-27-302 3907 e-mail: info@samoswine.gr http://www.samoswine.com	146-147

通称名	正式社名	ページ
SIGALAS	SIGALAS OENOPIIA LTD. Baxhedes, Oia GR-847 00 Santorini, GREECE Tel.,/Fax: +30-28-607 1644	148-149
SKOURAS	DOMAINE SKOURAS 2nd Km Argous-Pyrghelas, GR-212 00 Argos, GREECE Tel.: +30-75- 102 3688, Fax.: +30-75-102 3159 Athens Office: Ko 3 Str., Nea Smirni, GR-171 23 Athens Greece Tel: +30-10-934 9155, Fax: +30-10-933 5321 e-mail: exports@skouraswines.com http://www.skouraswines.com	150-151
TSANTALIS	EVANGELOS TSANTALIS S.A. Agios Pavlos, GR-630 80 Halkidiki, GREECE Tel. +30-39-906 1394, Fax. +30-39-905 1185 e-mail: exports@tsantali.gr http://www.tsantali.gr	152-154
TSELEPOS	AMPELONES A. TSELEPOU Arghyri Eftalioti 11, Marousi, GR-151 26 Athens, GREECE Tel. Fax: +30-10-803 0319 Winery: Tegea Tripolis 14th Km National Road Tripoli-Kastri e-mail: tselepos@aias.gr http://www.tselepos.gr	156-157

ORGANIC WINES

GEORGAS	GEORGA'S FAMILY	118-119
GIOULIS	DOMAINE GIOULIS	122-123
KATOGI KAI STROFILIA	KATOGI KAI STROFILIA	128-129
PORTO CARRAS	PORTO CARRAS	142-143
SIGALAS	SIGALAS OENOPIIA	148-149

SPIRITS

METAXA	S.E.A. METAXA S.A. Andrea Metaxa 6, GR-154 64 Kifisia, Athens GREECE Tel: +30-10-618 7000, Fax: +30-10-807 3866	164-165
PARPAROUSIS	A.S. PARPAROUSIS & CO Proastio, GR-264 42, Patras, GREECE Tel.: +30-61-042 0334, Fax.: + 30-61-043 8676 e-mail: dparparousis@hotnail.com	166-167
TSANTALIS	EVANGELOS TSANTALIS S.A. Agios Pavlos, GR-630 80 Halkidiki, GREECE Tel. +30-39-906 1394, Fax. +30-39-905 1185 e-mail: exports@tsantali.gr http://www.tsantali.gr	168-169

ワイン索引（50音順）

ワイン名	色	カテゴリー	地名	会社名	ページ
アサナシアディ	白	テーブル	アッティカ	ドメーヌ・ハルラフティス	125
アサナシアディ	赤	テーブル	アッティカ	ドメーヌ・ハルラフティス	125
アシリ	白	O.P.A.P.	ロードス島	エノテカ・エメリ	115
アシルティコ	白	トピコス	ゲラニア	エフハリス・エステート	117
アトス山・ヴィネヤルド	白	トピコス	アトス山	ツァンタリス	154
アトス山・ヴィネヤルド	赤	トピコス	アトス山	ツァンタリス	154
アドリ・ギス	白	テーブル	ペロポネソス	アントノプロス	103
アマリア・ブリュ	白	スパークリング	ハルキディキ	ツェレポス	157
アルギロス・ギ	赤	O.P.A.P.	ネメア	ドメーヌ・ハルラフティス	125
アンベロン ハジミハリス	白	トピコスオプンティア・ロクリス		ドメーヌ・ハジミハリス	127
イノフィロス	赤	テーブル	ペロポネソス	パルパルシス	141
イラロス	白	テーブル	アッティカ	エフハリス・エステート	117
イラロス	赤	テーブル	アッティカ	エフハリス・エステート	117
イリアントス	白	O.P.A.P.	サントリーニ島	レクロスワイン	145
ヴァン・ド・クレタ	白	トピコス	クレタ島	クレタ オリンピアス	110
ヴァン・ド・クレタ	赤	トピコス	クレタ島	クレタ オリンピアス	110
ヴァン・ド・クレタ	白	トピコス	クレタ島	クルタキス社	131
ヴァン・ド・クレタ	赤	トピコス	クレタ島	クルタキス社	131
ヴィラレ	白	O.P.A.P.	ロードス島	エノテカ・エメリ	115
ヴィンサント	白	O.P.A.P.	サントリーニ島	レクロスワイン	145
ヴィンサント	白	O.P.A.P.	サントリーニ島	シガラス	149
エフハリス・エステート	白	トピコス	ゲラニア	エフハリス・エステート	117
エフハリス・エステート	ロゼ	トピコス	ゲラニア	エフハリス・エステート	117
エフハリス・エステート	赤	トピコス	ゲラニア	エフハリス・エステート	117
エリトロス ハジミハリス	赤	トピコス	中央ギリシャ	ドメーヌ・ハジミハリス	127
オクタナ	赤	トピコス	ネメア	カトギ ケ ストロフィリャ	129
オリンピアス	白	テーブル	クレタ島	クレタ オリンピアス	109
オリンピアス	ロゼ	テーブル	クレタ島	クレタ オリンピアス	109
オリンピアス	赤	テーブル	クレタ島	クレタ オリンピアス	109
カトギ アヴェロフ	赤	テーブル	メツォヴォ	カトギ ケ ストロフィリャ	129
カベルネ・ネア・ドリス	赤	テーブル	ペロポネソス	アントノプロス	103
ギイノス	白	テーブル / オーガニック	アッティカ	カトギ ケ ストロフィリャ	129
キャッスル・デ・ロードス	赤	O.P.A.P.	ロードス島	エノテカ・エメリ	115
キュヴェ・プレスティジュ	白	トピコス	ペロポネソス	スクラス	151
キュヴェ・プレスティジュ	赤	トピコス	ペロポネソス	スクラス	151
クーロス・ネメアリザーヴ	赤	O.P.A.P.	ネメア	クルタキス社	132
クーロス・ネメア	赤	O.P.A.P.	ネメア	クルタキス社	131
クーロス・パトラス	白	O.P.A.P.	パトラス	クルタキス社	131
クティマ・ゲロヴァシリウ	白	トピコス	エパノミ	ドメーヌ・ゲロヴァシリウ	121
クティマ・ゲロヴァシリウ	赤	トピコス	エパノミ	ドメーヌ・ゲロヴァシリウ	121
クティマ・ドウゴス	白	テーブル	ラプサニ	ドウゴス	113
クティマ・ベスベア	赤	トピコス	アティッカ	ベスベアス・エステート	105
クラティストス	赤	O.P.A.P.	ネメア	リコス ワイン	137
グラン・キュヴェ ネメア	赤	O.P.A.P.	ネメア	スクラス	151
グラン・ブリー	白	スパークリング	ロードス島	エノテカ・エメリ	115
グランロゼ	ロゼ	O.P.A.P.	ロードス島	エノテカ・エメリ	115
クレタ・ノビレ	赤	O.P.A.P.	ペザ	クレタ オリンピアス	109
クレタ・ノビレ	白	O.P.A.P.	ペザ	クレタ オリンピアス	109
ケラスティス	白	トピコス	リランディオ	リコス ワイン	137
ケラスティス	赤	トピコス	リランディオ	リコス ワイン	137
ゴルデン・サメナ	白	テーブル	サモス島	サモス協同組合	147

ワイン索引（50音順）

ワイン名	色	カテゴリー	地名	会社名	ページ
ザコスタ	赤	O.P.A.P.	ロードス島	エノテカ・エメリ	115
サマロペトラ	白	トピコス	フロリナ	クティマ キル・ヤニ	135
サメナ	白	テーブル	サモス島	サモス協同組合	147
サモス アンテミス	白	O.P.E.	サモス島	サモス協同組合	147
サモス グランクリュ	白	O.P.E.	サモス島	サモス協同組合	147
サモス デュ	白	O.P.E.	サモス島	サモス協同組合	147
サモス ネクター	白	O.P.E.	サモス島	サモス協同組合	147
サントリーニ	白	O.P.A.P.	サントリーニ島	シガラス	149
サントリーニ・バリック	白	O.P.A.P.	サントリーニ島	シガラス	149
シガラス・ニャベロ	白	テーブル	サントリーニ島	シガラス	149
シガラス・ニャベロ	赤	テーブル	サントリーニ島	シガラス	149
シャトー・ハルラフティス	赤	トピコス	アッティカ	ドメーヌ・ハルラフティス	125
シャトーポルト・カラス	赤	O.P.A.P.	プライェス・メリトン	ドメーヌ ポート・カラス	143
シャルドネ	白	トピコス	エパノミ	ドメーヌ・ゲロヴァシリウ	121
シャルドネ	白	トピコス	ペンデリ	ドメーヌ・ハルラフティス	125
シャルドネ ハジミハリス	白	トピコス	アタランティ	ドメーヌ・ハジミハリス	127
シラーズ	赤	トピコス	イマシア	クティマ キル・ヤニ	135
シラーズ	赤	トピコス	シトニア	ドメーヌ ポート・カラス	143
シラーズ ハジミハリス	赤	テーブル	中央ギリシャ	ドメーヌ・ハジミハリス	127
ストロフィリャ	白	テーブル	アッティカ	カトギ ケ ストロフィリャ	129
ストロフィリャ	赤	テーブル	アッティカ	カトギ ケ ストロフィリャ	129
スパタ	白	トピコス/オーガニック	スパタ	ゲオルガス・ファミリー	119
セント・ジョージ ネメア	赤	O.P.A.P.	ネメア	スクラス	151
タ・ドラ・ディオニス	白	テーブル	ペロポネソス	パルパルシス	141
ツァンタリス・アシリ	白	トピコス	マケドニア	ツァンタリス	153
ツァンタリス・アレキサンダー	白	トピコス	マケドニア	ツァンタリス	154
ツァンタリス・アレキサンダー	赤	トピコス	マケドニア	ツァンタリス	154
ツァンタリス・ナウサ	赤	O.P.A.P.	ナウサ	ツァンタリス	153
ツァンタリス・ネメア	赤	O.P.A.P.	ネメア	ツァンタリス	153
ツァンタリス・ハルキディキ	白	トピコス	ハルキディキ	ツァンタリス	154
ツァンタリス・ハルキディキ	赤	トピコス	ハルキディキ	ツァンタリス	154
ツァンタリス・メトヒ	赤	トピコス	アトス山	ツァンタリス	153
ツァンタリス・ラプサニ	赤	O.P.A.P.	ラプサニ	ツァンタリス	153
ツァンタリス・ラプサニ・リザーヴ	赤	O.P.A.P.	ラプサニ	ツァンタリス	153
ツェレポス・カベルネ	赤	トピコス	アルカディア	ツェレポス	157
ツェレポス・シャルドネ	白	トピコス	アルカディア	ツェレポス	157
ツェレポス・ネメア	赤	O.P.A.P.	ネメア	ツェレポス	157
ツェレポス・マンティニア	白	O.P.A.P.	マンティニア	ツェレポス	157
ドメーヌ・ギュリス	赤	トピコス/オーガニック	クリメンティ	ドメーヌ・ギュリス	123
ドメーヌ・ゲロヴァシリウ・ヴィオニア	白	トピコス	エパノミ	ドメーヌ・ゲロヴァシリウ	121
ドメーヌ・ゲロヴァシリウ・シラーズ	赤	トピコス	エパノミ	ドメーヌ・ゲロヴァシリウ	121
ドメーヌ・ハルラフティス・オーク	白	トピコス	ペンデリ	ドメーヌ・ハルラフティス	125
ドラサリス	白	O.P.A.P.	パトラス	パルパルシス	141
ネフェリ	白	テーブル	中央ギリシャ	レクロスワイン	145
ネメア・イナリ	赤	O.P.A.P.	ネメア	パルパルシス	141
ネメア・リザーヴ	赤	O.P.A.P.	ネメア	パルパルシス・エステート	141
パープル アース	赤	テーブル	メツォヴォ	カトギ ケ ストロフィリャ	129
パランガ	赤	トピコス	マケドニア	クティマ キル・ヤニ	135
パンセリノス	白	トピコス	中央ギリシャ	リコス ワイン	137
パンセリノス		トピコス	中央ギリシャ	リコス ワイン	137
パンセリノス	赤	トピコス	中央ギリシャ	リコス ワイン	137

ワイン索引（50音順）

ワイン名	色	カテゴリー	地名	会社名	ページ
ブターリ クレティコス	白	トピコス	クレタ島	ブターリ社	107
ブターリ クレティコス	赤	トピコス	クレタ島	ブターリ社	107
ブターリ サントリーニ	白	O.P.A.P.	サントリーニ島	ブターリ社	107
ブターリ ナウサ	赤	O.P.A.P.	ナウサ	ブターリ社	107
ブターリ ナウサ グランド・リザーブ	赤	O.P.A.P.	ナウサ	ブターリ社	107
ブターリ ネメア	赤	O.P.A.P.	ネメア	ブターリ社	107
プライベート・コレクション	赤	トピコス	ペロポネソス	アントノプロス	103
プライベート・コレクション	白	テーブル	ペロポネソス	アントノプロス	103
ブラン・ド・ブラン	白	O.P.A.P.	プライェス・メリトン	ドメーヌ ポート・カラス	143
ホワイト・ドメーヌ・ハジミハリス	白	トピコス	オプンティア・ロクリス	ドメーヌ・ハジミハリス	127
マヴロダフニ	赤	O.P.E.	パトラス	クレタ オリンピアス	110
マヴロダフニ・オブ・パトラス	赤	O.P.E.	パトラス	クルタキス社	131
マスカット・オブ・サモス	白	O.P.E.	サモス島	クルタキス社	131
マスカット・リオ	白	O.P.E.	リオ	パルパルシス	141
マラグジア	白	トピコス	エパノミ	ドメーヌ・ゲロヴァシリウ	121
マラグジア	白	トピコス	シトニア	ドメーヌ ポート・カラス	143
マンティニア	白	O.P.A.P.	マンティニア	アントノプロス	103
ミデン・アガン	赤	テーブル	ネメア	パパントニス	139
メガス・イノス	赤	トピコス	ペロポネソス	スクラス	151
メガス・イノス	白	トピコス	ペロポネソス	スクラス	151
メシスタネス	赤	テーブル	ラプサニ	ドウゴス	113
メシスタネス	白	テーブル	ラプサニ	ドウゴス	113
メシモン	赤	テーブル	ラプサニ	ドウゴス	113
メシモン・フュメ	白	テーブル	ラプサニ	ドウゴス	113
メツォ	白	O.P.A.P.	サントリーニ島	シガラス	149
メリサンティ	白	O.P.A.P.	プライェス・メリトン	ドメーヌ ポート・カラス	143
メルロー・ハジミハリス	赤	テーブル	中央ギリシャ	ドメーヌ・ハジミハリス	127
ヤナコホリ	赤	O.P.A.P.	イマシア	クティマ キル・ヤニ	135
ラムニスタ	赤	O.P.A.P.	ナウサ	クティマ キル・ヤニ	135
リムニオ	赤	O.P.A.P.	プライェス・メリトン	ドメーヌ ポート・カラス	143
レツィーナ	白	伝統的アペラション	クレタ島	クレタ オリンピアス	110
レツィーナ	白	伝統的アペラション	スパタ	ゲオルガス・ファミリー	119
レツィーナ	白	伝統的アペラション	スパタ	ゲオルガス・ファミリー	119
レツィーナ レクロス	白	テーブル	中央ギリシャ	レクロスワイン	145
レツィーナ・オブ・アッティカ	白	伝統的アペラション	アティッカ	クルタキス社	132
ロディティス・アレプ	白	O.P.A.P.	パトラス	アントノプロス	103
ロディリ	ロゼ	トピコス	クレタ島	クレタ オリンピアス	109
ロドアントス	赤	テーブル	サントリーニ島	レクロスワイン	145

ワイン名	カテゴリー	地名	会社名	ページ
アギオリティコ・ツィプロ	スピリッツ	ハルキディキ	ツァンタリス	169
アポスタグマ・アポ・スタフィリ	スピリッツ	マケドニア	ツァンタリス	169
アポスタグマ・イヌ	スピリッツ	ペロポネソス	パルパルシス	167
ツァンタリス・ウゾ	スピリッツ	マケドニア	ツァンタリス	169
マケドニコ・ツィプロ	スピリッツ	マケドニア	ツァンタリス	169
メタクサ・グランド・オリンピアン・レゼルブ	スピリッツ	アティッカ	メタクサ	165
メタクサ・プライベート・レゼルブ	スピリッツ	アティッカ	メタクサ	165
メタクサ5★	スピリッツ	アティッカ	メタクサ	165
メタクサ7★	スピリッツ	アティッカ	メタクサ	165

ワイナリー&ワイン索引 (A-Z)

会社名	ワイン名	色	カテゴリー	地名	ページ
ANTONOPOULOS	CABERNET NEW OAK	R	テーブル	PELOPONNESE	103
ANTONOPOULOS	ADOLIS GIS	W	テーブル	PELOPONNESE	103
ANTONOPOULOS	PRIVATE COLLECTION	R	トピコス	PELOPONNESE	103
ANTONOPOULOS	PRIVATE COLLECTION	W	テーブル	PELOPONNESE	103
ANTONOPOULOS	MANTINIA	W	O.P.A.P.	MANTINIA	103
ANTONOPOULOS	RODITIS ALEPOU	W	O.P.A.P.	PATRAS	103
BESBEAS	KTIMA BESBEA	R	トピコス	ATTICA	105
BOUTARI	NAOUSSA BOUTARI	R	O.P.A.P.	NAOUSSA	107
BOUTARI	GRAND RESERVE NAOUSSA BOUTARI	R	O.P.A.P.	NAOUSSA	107
BOUTARI	SANTORINI BOUTARI	W	O.P.A.P.	SANTORINI	107
BOUTARI	NEMEA BOUTARI	R	O.P.A.P.	NEMEA	107
BOUTARI	KRETIKOS BOUTARI	W	トピコス	CRETE	107
BOUTARI	KRETIKOS BOUTARI	R	トピコス	CRETE	107
CRETA OLYMPIAS	CRETA NOBILE	R	O.P.A.P.	PEZA	109
CRETA OLYMPIAS	CRETA NOBILE	W	O.P.A.P.	PEZA	109
CRETA OLYMPIAS	RODILI	RO	トピコス	CRETE	109
CRETA OLYMPIAS	OLYMPIAS	W	テーブル	CRETE	109
CRETA OLYMPIAS	OLYMPIAS	RO	テーブル	CRETE	109
CRETA OLYMPIAS	OLYMPIAS	R	テーブル	CRETE	109
CRETA OLYMPIAS	MAVRODAPHNE	R	O.P.E.	PATRAS	110
CRETA OLYMPIAS	VIN DE CRETE	W	トピコス	CRETE	110
CRETA OLYMPIAS	VIN DE CRETE	R	トピコス	CRETE	110
CRETA OLYMPIAS	RETSINA	W	伝統的アペラション	CRETE	110
DOUGOS	METHYSTANES	R	テーブル	RAPSANI	113
DOUGOS	METHYSTANES	W	テーブル	RAPSANI	113
DOUGOS	KTIMA DOUGOS	W	テーブル	RAPSANI	113
DOUGOS	METH-YMON	R	テーブル	RAPSANI	113
DOUGOS	METY-YMON FUME	W	テーブル	RAPSANI	113
EMERY	VILLARE	W	O.P.A.P.	RODOS	115
EMERY	GRANROSE	RO	O.P.A.P.	RODOS	115
EMERY	ATHIRI VOUNOPLAGIAS	W	O.P.A.P.	RODOS	115
EMERY	ZACOSTA	R	O.P.A.P.	RODOS	115
EMERY	CASTLE DE RHODES	R	O.P.A.P.	RODOS	115
EMERY	GRAN PRIX	W	スパークリング	RODOS	115
EVHARIS	EVHARIS ESTATE	W	トピコス	GERANIA	117
EVHARIS	EVHARIS ESTATE	RO	トピコス	GERANIA	117
EVHARIS	EVHARIS ESTATE	R	トピコス	GERANIA	117
EVHARIS	ASSYRTIKO	W	トピコス	GERANIA	117
EVHARIS	ILAROS	W	テーブル	ATTICA	117
EVHARIS	ILAROS	R	テーブル	ATTICA	117
GEORGA'S FAMILY	SPATA	W	トピコス/オーガニック	SPATA	119
GEORGA'S FAMILY	RETSINA	W	伝統的アペラション	SPATA	119
GEORGA'S FAMILY	RETSINA	W	伝統的アペラション	SPATA	119

ワイナリー&ワイン索引 (A-Z)

会社名	ワイン名	色	カテゴリー	地名	ページ
GEROVASSILIOU	KTIMA GEROVASSILIOU	W	トピコス	EPANOMI	121
GEROVASSILIOU	KTIMA GEROVASSILIOU	R	トピコス	EPANOMI	121
GEROVASSILIOU	MALAGOUZIA	W	トピコス	EPANOMI	121
GEROVASSILIOU	CHARDONNAY	W	トピコス	EPANOMI	121
GEROVASSILIOU	VIOGNIER	W	トピコス	EPANOMI	121
GEROVASSILIOU	SHIRAZ	R	トピコス	EPANOMI	121
GIOULIS	DOMAINE GIOULIS	R	トピコス/オーガニック	KLIMENTI	123
HARLAFTIS	ATHANASSIADI	W	テーブル	ATTICA	125
HARLAFTIS	ATHANASSIADI	R	テーブル	ATTICA	125
HARLAFTIS	CHARDONNAY	W	トピコス	PENDELI	125
HARLAFTIS	DOMAINE HARLAFTIS OAK	W	トピコス	PENDELI	125
HARLAFTIS	CHATEAU HARLAFTIS	R	トピコス	ATTICA	125
HARLAFTIS	ARGILOS	R	O.P.A.P.	NEMEA	125
HATZIMICHALIS	WHITE DOMAINE HATZIMICHALIS	W	トピコス	OPOUNTIA LOCRIS	127
HATZIMICHALIS	AMBELON	W	トピコス	OPOUNTIA LOCRIS	127
HATZIMICHALIS	CHARDONNAY HATZIMICHALIS	W	トピコス	ATALANTI	127
HATZIMICHALIS	ERYTHROS HATZIMICHALIS	R	トピコス	CENTRAL GREECE	127
HATZIMICHALIS	SYRAH DOMAINE HATZIMICHALIS	R	テーブル	CENTRAL GREECE	127
HATZIMICHALIS	MERLOT DOMAINE HATZIMICHALIS	R	テーブル	CENTRAL GREECE	127
KATOGI - STROFILIA	KATOGI AVEROF	R	テーブル	METSOVO	129
KATOGI - STROFILIA	PURPLE EARTH	R	テーブル	METSOVO	129
KATOGI - STROFILIA	GHIINOS	W	テーブル/オーガニック	ATTICA	129
KATOGI - STROFILIA	STROFILIA	W	テーブル	ATTICA	129
KATOGI - STROFILIA	STROFILIA	R	テーブル	ATTICA	129
KATOGI - STROFILIA	OKTANA	R	トピコス	NEMEA	129
KOURTAKIS	KOUROS PATRAS	W	O.P.A.P.	PATRAS	131
KOURTAKIS	KOUROS NEMEA	R	O.P.A.P.	NEMEA	131
KOURTAKIS	VIN DE CRETE	W	トピコス	CRETE	131
KOURTAKIS	VIN DE CRETE	R	トピコス	CRETE	131
KOURTAKIS	MAVRODAPHNE	R	O.P.E.	PATRAS	131
KOURTAKIS	MUSCAT OF SAMOS	W	O.P.E.	SAMOS	131
KOURTAKIS	KOUROS NEMEA RESERVE	R	O.P.A.P.	NEMEA	132
KOURTAKIS	RETSINA OF ATTICA KOURTAKI	W	伝統的アペラション	ATTICA	132
KIR YIANNI	YIANAKOHORI	R	O.P.A.P.	IMATHIA	135
KIR YIANNI	RAMNISTA	R	O.P.A.P.	NAOUSSA	135
KIR YIANNI	SYRAH	R	トピコス	IMATHIA	135
KIR YIANNI	PARANGA	R	トピコス	MAKEDONIA	135
KIR YIANNI	SAMAROPETRA	W	トピコス	FLORINA	135
LICOS WINES	KRATISTOS	R	O.P.A.P.	NEMEA	137
LICOS WINES	KERASTIS	W	トピコス	LILANDIO	137
LICOS WINES	KERASTIS	R	トピコス	LILANDIO	137
LICOS WINES	PANSELINOS	W	トピコス	CENTRAL GREECE	137
LICOS WINES	PANSELINOS	RO	トピコス	CENTRAL GREECE	137

ワイナリー&ワイン索引 (A-Z)

会社名	ワイン名	色	カテゴリー	地名	ページ
LICOS WINES	PANSELINOS	R	トピコス	CENTRAL GREECE	137
PAPANTONIS	MEDEN AGAN	R	テーブル	NEMEA	139
PARPAROUSIS	NEMEA RESERVE	R	O.P.A.P.	NEMEA	141
PARPAROUSIS	OINARI NEMEA	R	O.P.A.P.	NEMEA	141
PARPAROUSIS	TA DORA DIONYSOU	W	テーブル	PELOPONNESE	141
PARPAROUSIS	DROSALIS	W	O.P.A.P.	PATRAS	141
PARPAROUSIS	OINOFILOS	R	テーブル	PELOPONNESE	141
PARPAROUSIS	MUSCAT RIOU	W	O.P.E.	RIO	141
PORTO CARRAS	CHATEAU CARRAS	R	O.P.A.P.	PLAGIES MELITON	143
PORTO CARRAS	MALAGUZIA	W	トピコス	SITHONIA	143
PORTO CARRAS	LIMNIO	R	O.P.A.P.	PLAGIES MELITON	143
PORTO CARRAS	MELISANTHI	W	O.P.A.P.	PLAGIES MELITON	143
PORTO CARRAS	SYRAH	R	トピコス	SITHONIA	143
PORTO CARRAS	BLANC DE BLANCS	W	O.P.A.P.	PLAGIES MELITON	143
REKLOS	ILIANTHOS	W	O.P.A.P.	SANTORINI	145
REKLOS	RODANTHOS	R	テーブル	SANTORINI	145
REKLOS	NEFELI	W	テーブル	CENTRAL GREECE	145
REKLOS	RETSINA REKLOS	W	テーブル	CENTRAL GREECE	145
REKLOS	VINSANTO	W	O.P.A.P.	SANTORINI	145
SAMOS	SAMOS NECTAR	W	O.P.E.	SAMOS	147
SAMOS	SAMOS GRAND CRU	W	O.P.E.	SAMOS	147
SAMOS	SAMOS DOUX	W	O.P.E.	SAMOS	147
SAMOS	SAMOS ANTHEMIS	W	O.P.E.	SAMOS	147
SAMOS	SAMENA	W	テーブル	SAMOS	147
SAMOS	SAMENA GOLDEN	W	テーブル	SAMOS	147
SIGALAS	SANTORINI SIGALAS	W	O.P.A.P.	SANTORINI	149
SIGALAS	SANTORINI SIGALAS BARIQUE	W	O.P.A.P.	SANTORINI	149
SIGALAS	SIGALAS NIABELO	W	テーブル	SANTORINI	149
SIGALAS	SIGALAS NIABELO	R	テーブル	SANTORINI	149
SIGALAS	MEZZO	W	O.P.A.P.	SANTORINI	149
SIGALAS	VINSANTO	W	O.P.A.P.	SANTORINI	149
SKOURAS	MEGAS OENOS	R	トピコス	PELOPONNESE	151
SKOURAS	MEGAS OENOS	W	トピコス	PELOPONNESE	151
SKOURAS	GRAND CUVEE NEMEA	R	O.P.A.P.	NEMEA	151
SKOURAS	SAINT GEORGE NEMEA	R	O.P.A.P.	NEMEA	151
SKOURAS	CUVEE PRESTIGE	W	トピコス	PELOPONNESE	151
SKOURAS	CUVEE PRESTIGE	R	トピコス	PELOPONNESE	151
TSANTALIS	TSANTALI METOXI	R	トピコス	MOUNT ATHOS	153
TSANTALIS	TSANTALI RAPSANI RESERVE	R	O.P.A.P.	RAPSANI	153
TSANTALIS	RAPSANI	R	O.P.A.P.	RAPSANI	153
TSANTALIS	TSANTALI ATHIRI	W	トピコス	MAKEDONIA	153
TSANTALIS	TSANTALI NEMEA	R	O.P.A.P.	NEMEA	153
TSANTALIS	TSANATALI NAOUSSA	R	O.P.A.P.	NAOUSSA	153

ワイナリー&ワイン索引 (A-Z)

会社名	ワイン名	色	カテゴリー	地名	ページ
TSANTALIS	MOUNT ATHOS VINEYARDS	W	トピコス	MOUNT ATHOS	154
TSANTALIS	MOUNT ATHOS VINEYARDS	R	トピコス	MOUNT ATHOS	154
TSANTALIS	TSANTALI ALEXANDER	W	トピコス	MAKEDONIA	154
TSANTALIS	TSANTALI ALEXANDER	R	トピコス	MAKEDONIA	154
TSANTALIS	TSANTALI HALKIDIKI	W	トピコス	HALKIDIKI	154
TSANTALIS	TSANTALI HALKIDIKI	R	トピコス	HALKIDIKI	154
TSELEPOS	VILLA AMALIA	W	スパークリング	TEGEA	157
TSELEPOS	TSELEPOS MANTINIA	W	O.P.A.P.	MANTINIA	157
TSELEPOS	TSELEPOS NEMEA	R	O.P.A.P.	NEMEA	157
TSELEPOS	TSELEPOS CABERNET	R	トピコス	ARCADIA	157
TSELEPOS	TSELEPOS CHARDONNAY OAK	W	トピコス	ARCADIA	157
METAXA	METAXA PRIVATE RESERVE		スピリッツ	ATTICA	165
METAXA	METAXA PRIVATE RESERVE		スピリッツ	ATTICA	165
METAXA	METAXA 7*		スピリッツ	ATTICA	165
METAXA	METAXA 5*		スピリッツ	ATTICA	165
PARPAROUSIS	APOSTAGMA OINOU		スピリッツ	PELOPONNESE	167
TSANTALIS	TSANTALI OUZO		スピリッツ	MAKEDONIA	169
TSANTALIS	APOSTAGMA APO STAFYLI		スピリッツ	MAKEDONIA	169
TSANTALIS	AGIORITIKO TSIPOURO		スピリッツ	HALKIDIKI	169
TSANTALIS	MAKEDONIKO TSIPOURO		スピリッツ	MAKEDONIA	169

現在日本に輸入されているギリシャワイン

ワイン名	輸入発売元	ページ
アドリ・ギス（白・辛口・テーブルワイン）	(有)ノスティミア (029)298-2464	103
ブターリ ナウサ（赤、辛口、O.P.A.P. ナウサ）	サントリー株式会社 (03)3470 1168/0594	107
ブターリ サントリーニ（白、辛口、O.P.A.P. サントリーニ）	サントリー株式会社	107
ブターリ クレティコス（白、辛口、クレタ・トピコスワイン）	サントリー株式会社	107
ブターリ クレティコス（赤、辛口、クレタ・トピコスワイン）	サントリー株式会社	107
クレタ・ノビレ（赤、辛口、O.P.A.P. ペザ）	サッポロビール株式会社 (0120-207800)	109
クレタ・ノビレ（白、辛口、O.P.A.P. ペザ）	サッポロビール株式会社	109
オリンピアス（白、辛口、テーブルワイン）	サッポロビール株式会社	109
オリンピアス（赤、辛口、テーブルワイン）	サッポロビール株式会社	109
ヴァン・ド・クレタ（白、辛口、クレタ・トピコスワイン）	株式会社アドリアインターナショナル (03)5473-8071	110
ヴァン・ド・クレタ（赤、辛口、クレタ・トピコスワイン）	株式会社アドリアインターナショナル	110
レツィーナ（白、辛口、伝統的なアペラションワイン）	株式会社アドリアインターナショナル	110
ホワイト・ハジミハリス（白、辛口、ロクリス・トピコスワイン）	富士貿易株式会社 (045)622-2989	127
メルロー・ハジミハリス（赤、辛口、テーブルワイン）	富士貿易株式会社	127
カトギ アヴェロフ（赤、辛口、テーブルワイン）1999	日食株式会社 (03)3562-0010	129
ストロフィリャ（ロゼ・辛口・テーブルワイン）	日食株式会社	129
クーロス・パトラス（白、辛口、O.P.A.P. パトラス）	メルシャン株式会社 (03)3231-3961	131
クーロス・ネメア（赤、フルボディー、O.P.A.P. ネメア）	メルシャン株式会社	131
ヴァン・ド・クレタ（白、辛口、クレタ・トピコスワイン）	メルシャン株式会社	131
ヴァン・ド・クレタ（赤、クレタ・トピコスワン）	メルシャン株式会社	131
マヴロダフニ・オブ・パトラス（赤、甘口、O.P.E. パトラス）	メルシャン株式会社	131
マスカット・オブ・サモス（白、甘口、O.P.E. サモス）	メルシャン株式会社	131
クーロス・ネメアリザーヴ（赤、フルボディー、O.P.A.P. ネメア）	メルシャン株式会社	133
レツィーナ・オブ・アッティカ（白、辛口、伝統的なアペラション）	メルシャン株式会社	133
ネメアリザーヴ（赤、辛口、O.P.A.P. ネメア）	株式会社アドリアインターナショナル (03)5473-8071	141
イナリ ネメア（赤、辛口、O.P.A.P. ネメア）	株式会社アドリアインターナショナル	141
シャトーポルト・カラス（赤、辛口、O.P.A.P.・プライエス・メリトン）	横浜貨物総合株式会社 (045)754-0101	143
リムニオ（赤、辛口、O.P.A.P.・プライエス・メリトン）	横浜貨物総合株式会社	143
メリサンティ（白、辛口、O.P.A.P.・プライエス・メリトン）	横浜貨物総合株式会社	143
マラグジア（白、辛口、ヴァン・ド・ペイ・シトニア）	横浜貨物総合株式会社	143
サモス ネクター（白、甘口、O.P.E. サモス）	株式会社アドリアインターナショナル (03)5473-8071	147
サモス グランクリュ（白、甘口、O.P.E. サモス）	株式会社アドリアインターナショナル	147
サモス デュ（白、甘口、O.P.E. サモス）	株式会社アドリアインターナショナル	147
サントリーニ・シガラス（白、辛口、O.P.A.P. サントリーニ）	株式会社アドリアインターナショナル	149
ヴィンサント（白、辛口、O.P.A.P. サントリーニ）	株式会社アドリアインターナショナル	149
ツァンタリス・ラプサニ・リザーヴ（赤、辛口、O.P.AP. ラプサニ）	アサヒビール株式会社 (0120) 011-121	153
ツァンタリス・ネメア（赤、辛口、O.P.A.P. ネメア）	アサヒビール株式会社	153
ツァンタリス・ナウサ（赤、辛口、O.P.A.P. ナウサ）	アサヒビール株式会社	153
アトス山・ヴィネヤルド（赤、辛口、アトス山・トピコスワイン）	アサヒビール株式会社	154

専門用語集

アイダニ	Aidani	ギリシャの白品種	48
アギオルギティコ	Aghiorgitiko	ギリシャの赤品種	53
アシリ	Athiri	ギリシャの白品種	48
アシルティコ	Assyrtiko	ギリシャの白品種	48
アポスタグマ	Apostagma	ギリシャの酒類	162
アモルヤノ種	Amorghiano	マンディラリア種	114
アレキサンドリア・マスカット	Muscat of Alexandria	ギリシャの白品種	49
イオニア諸島	Ionian Islands	ギリシャ生産地域	97
イピロス	Ipiros	ギリシャ生産地域	89
ヴィティス・ヴィニフェラ	VITIS VINIFERA	野生、又は原産のぶどう品種	
ヴィニフェラ	VINIFERA	ギリシャ語のイノフォロス＝ワインを担ぐ者	
ヴィラナ	Vilana	ギリシャの白品種	48
ヴェルザミ	Vertzami	ギリシャの赤品種	53
ウゾ	Ouzo	ギリシャの酒類	161
エステート	ESTATE	ギリシャ産ワインに使われている言葉ドメーヌ	
エピトラペジオス	EPITRAPEZIOS	ギリシャのテーブルワイン	72
オーガニックぶどう栽培	Organic cultivation	ギリシャのオーガニック農業	80
オパプ	O.P.A.P	ギリシャのアペラション(VQPRD)	64
オペ	O.P.E.	ギリシャのアペラション（VLQPRD）	65
カプニアス	KAPNIAS	古代カベルネ風の赤ワイン	40
キクラデス諸島	Cyclades	ギリシャ生産地域	95
クシニマヴロ	Xinomavro	ギリシャの赤品種	55
クティマ	KTIMA	ドメーヌのギリシャ語	
クラサト	Krasato	ギリシャの赤品種	53
クレタ島	Crete	ギリシャ生産地域	93
コツィファリ	Kotsifali	ギリシャの赤品種	53
サヴティアノ	Savatiano	ギリシャの白品種	51
シデリティス	Sideritis	ギリシャの白品種	52
スタヴロト	Stavroto	ギリシャの赤品種	56
中央ギリシャ	Central Greece	ギリシャ生産地域	86
ツィクディア	Tsikoudia	ギリシャの酒類	161
ツィプロ	Tsipouro	ギリシャの酒類	161
ディオニソス	DIONYSOS	古代ギリシャ神話のワインの神	16
テッサリア	Thessalia	ギリシャ生産地域	88
デビナ	Debina	ギリシャの白品種	50
ドデカネーゼ諸島	Dodekanese	ギリシャ生産地域	94
トピコス	TOPIKOS	ギリシャのヴァン・ド・ペイ	68
ドメーヌ	DOMAINE	ギリシャ産ワインに使われている言葉ドメーヌ	
ネゴシカ	Negoska	ギリシャの赤品種	55
バッカス	BACCHUS	ディオニソスの別名、又はローマ神話での呼び名	16
バティキ	Batiki	ギリシャの白品種	50
東エーゲ海諸島	East Aegean islands	ギリシャ生産地域	96
フィロキセラ	PHYLLOXERA	ギリシャ語の、フィロ＝葉、キセラ＝乾燥	46
フォキアノ	Fokiano	ギリシャの赤品種	56
ペロポネソス	Peloponese	ギリシャ生産地域	84
ホワイト・マスカット	White Muscat	ギリシャの白品種	50

専門用語集

マヴロダフニ	Mavrodaphne	ギリシャの赤品種	54
マケドニア＆トラキア	Makedonia	ギリシャ生産地域	90
マラグジア	MALAGOUZIA	近年の北ギリシャで生産されている レヴィヴェット品種、高級品種、微妙な香り	49
マルヴァジア	MALVASIA	1600〜1700年代のギリシャの有名なブランド	
マンディラリア	Mandilaria	ギリシャの赤品種	54
メセニコラ	Mavro Mesenikola	ギリシャの赤品種	55
モスホフィレロ	Moschofilero	ギリシャの白品種	52
モネムヴァシア	MONEMVASIA	ペロポネソス半島、スパルタ近郊にある モネンヴァシアから取った名前、レヴィヴェット品種	49
ラゴルシ	Lagorthi	ギリシャの白品種	49
リムニオ	Limnio	ギリシャの赤品種	54
リャティコ	Liatiko	ギリシャの赤品種	54
レツィーナ	RETSINA	ギリシャの松脂入り白ワイン	119, 145
ロディティス	Roditis	ギリシャの白品種	52
ロボラ	Robola	ギリシャの白品種	50
ロメイコ	Romeiko	ギリシャの赤品種	55

ペロポネソス半島、ギムノ

Wine Organizations

GREEK WINE FEDERATION
(ΣΥΝΔΕΣΜΟΣ ΕΛΛΗΝΙΚΟΥ ΟΙΝΟΥ)
Nikis 34
GR-105 37 Athens, Greece
Tel: +30-10-322 6053 & +30-10-324 9027
Fax: +30-10-323-7943
e-mail: seo@wine.org.gr
http://www.wine.org.gr

GREEK OENOLOGISTS UNION
Menadrou 26
GR-105 52 Athens, Greece
Tel./Fax: +30-10-523 6155
e-mail: eeo@nethouse.gr

UNION OF GREEK SOMMELLIER
Leoforos Pentelis 33
GR-152 35 Athens, Greece
Tel./Fax: +30-10-687 0237

UNION OF GREEK SOMMELLIER
Leoforos Pentelis 33
GR-152 35 Athens, Greece
Tel./Fax: +30-10-613 8651

EUROPEAN UNION LAW
The portal to European Union law
http://www.europa.eu.int/eur-lex/en/index.html

NATIONAL PRINTING HOUSE
The portal to Greek law
http://www.et.gr/index_en.htm

The Wine Roads of Greece

ギリシャのワイン街道は、今日のワインメーカーとワイナリー、そしてヴィティカルチャーの発展を、地元の人々とギリシャを訪れる何百万人もの観光客へ紹介する、ギリシャワイン業界の新しいアプローチです。現在、ギリシャには3つのワイン街道協会が設立されています。

以下の記号・標識はギリシャワイン街道を示すガイドです。

アッティカ、ワイン生産業者協会
WINE PRODUCERS ASSOCIATION OF ATTICA (ENOAA S.A.)

Headquarters:10Km Pikermi,GR-190009 Pikermi
Tel./Fax: +30-10-6038019
Office:Lagoimitzi str.24
Kalithea,GR-17671,Athens,Greece
Tel.:+30-10-922 3105,Fax:+30-10-922 3115

マケドニア、ワイン生産業者協会
WINE PRODUCERS ASSOCIATION OF THE MAKEDONIAN VINEYARD (ENOAM S.A.)
HELEXPO, 154 Egnatias str.,
P.O. Box 1529
GR-540 06 Thessaloniki, Greece
Tel.: +30-31- 028 1632, Fax: +30-31- 028 1619
e-mail: wine-roads@the.forthnet.gr
http://www.wineroads.gr

ペロポネソス、ワイン生産業者協会
WINE PRODUCERS ASSOCIATION OF PELOPONNISOS (ENOAP S.A.)

Pnevmatico Kentro Tripolis,GR-221 00 Tripolis GREECE
Tel./Fax:+30-710-234838

マーク	意味	マーク	意味
Wine tasting	ワインテイスティング	Information	情報
Cellar tour	セラーツアー	VQPRD wine producer	OPAP 又は OPE ワイナリー
Tourism in the country	アグロツーリズム	By appointment only	予約のみ
Organic agriculture	有機栽培葡萄畑		
Retail wine sales	ワイン店頭小売	Vineyard	ぶどう畑

ギリシャワイン

後書き
Acknowledgements

　ギリシャワインを日本に普及するため専念してくださった、前ギリシャ政府商務担当公使、テオドロス・ハゾプロス氏、ギリシャワインに関して何時間もディスカッションし、日本中のエキジビションとワインテイスティングに一緒に参加してくださった、池松義男氏、そして、日本にギリシャワインを輸入する事を初期から勧め、援助してくださった、石川恵子、渡辺正澄両氏に感謝を申し上げます。

　14年以上に渡り、惜しみなくご指示、ご助言くださった、鈴木利康氏、柏伸介氏、増田幸彦氏を初め、多くのワインジャーナリストと友人達に感謝いたします。

　ギリシャワインの輸入に多大なお力添えを賜った、駐日ギリシャ大使、エリアス・カツァレアス氏に特別に感謝申し上げます。

　本書の翻訳、訂正のため多くのストレスを与える結果となってしまった、ジョンミ・キム氏にお詫びと感謝をいたします。

　本書の詳細確認のため多大な時間を費やしてくださった、レオニダス・クマキス氏に心から感謝いたします。

　そして最後に、本書執筆のため何度も家を空けて出張する私に理解を示してくれた、妻と子供たちに感謝します。

ギリシャワイン

フォティオス　ジョリス
FOTIOS　TZIOLIS

　フォティオス・ジョリスはギリシャ、テッサリーのカラムバカで誕生。幼ない頃から一家のブドウ畑で多くの時間を過ごしました。ブドウの収穫は忘れる事の出来ない地元のお祭り事でした。

　ドイツ、ベルリンのフライ大学経済学部でM.A.を取得し、専門は消費物資マーケティング。1988年に18ヶ月間のEU奨学金を得て、日本語と日本型経済を勉強するため来日しました。ギリシャ語、日本語、ドイツ語、英語に堪能です。

　1991年に、当時日本市場で皆無だったギリシャワインと食品を取り扱う会社、日本ヘレニカを設立しました。

　1997年には、日本語、ギリシャ語、ドイツ語、英語にて主要ギリシャワインのウェブサイトwww.symposio.comを立上げ、1998年には、初のギリシャワインに関する本を出版しました。

　日本に13年間滞在し、現在はギリシャと日本を行き来しています。家族は妻と子供二人です。

e-mail:tziolis@symposio.com
http://www.symposio.com

毎月20日はワインの日

ギリシャワイン
著作権 © フォティオス・ジョリス
オール ライト レザーブド
All rights reserved

写真 © フォティオス・ジョリス
表示ない限りはその通り

発行所:飛鳥出版株式会社
〒101-0052　東京都千代田区神田小川町3－2
電話：03-3295-6343
発行日：2002年7月15日
発行人：鈴木 利康

協力：レオニダス・クマキス、サノス・ドゥゴス、サナシス・パルパルゥシス、ジョージ・スクラス、ヴァシリス・クルタキス、ヴァシリス・ピロヴォラキス、ヴァンゲリス・ゲロヴァシリウ、コスタス・カランジス。

翻訳：ジョンミ・キム、長屋ふさお

正確性に細心の注意を払いました。この本に掲載されているデータ、及び情報によって起こりうる全ての結果に対し、出版社、及び著作者に一切責任はありません。

この出版物の一部、又は、全体のコピーや複製は著作者の許可が必要です。
reproduction or copy entirely or partly must have prior aproval of the author

クリエート、プロデュース
by
フォティオス・ジョリス

created and produced
by
Fotios Tziolis

ALL RIGHTS RESERVED
PRINTED IN JAPAN